머리를 물들여 본 아이가 성공한다

머리를 물들여본 아이가 성공한다

자녀교육, Buddha에게 길을 묻다

글 민병직

DOPIANSA 到彼岸社

1. 이 책은 저자의 교단 현장경험을 바탕으로 기술하였다. 따라서 이 책만으로도 자녀교육에 대한 많은 정보를 얻을 수 있다. 그러므로 욕심내지 않고 조금씩 읽으며 자기화自己化하는 노력이 필요하다.

2. 문단을 많이 둔 것은 다음 문단으로 넘어가기 전에 깊이 음미하여 숙지하기를 바라는 뜻이다.

3. 숙지는 명상을 통한 자기화를 말한다. 자녀를 교육하는 데 아름다운 열매를 맺을 수 있도록 이 책에 나오는 내용들을 하나하나 명상하여 적용하도록 해 본다.

4. 교육학 이론이나 예화를 주안점으로 하되 불교진리는 알맞은 곳에 적절하게 원용하는 입장에 그쳤다.

성자의 거룩한 모습으로
이 세상에 오신 모든 아기님,
이 땅, 대한민국에 서원으로 환생하신 光린포체님,
그 부모님들께 이 책을 바칩니다.

어버이가 관심 갖지 않으면 아이들은 버려지고 만다.

－유대인의 천재교육

나에게는 교단에서 얻은 진리 하나가 있습니다. '부모가 최고의 교육자'라는 사실입니다.

아이는 부모의 손에 의해 정치가가 될 수도 있고, 과학자가 될 수도 있으며 비행기 조종사나 로봇기술자도 될 수 있습니다. 중요한 것은 부모가 아이에 대해 어떤 생각을 갖고 어떤 교육방식으로 이끄느냐입니다.

세상에는 이런 문제를 풀어 주는 책들이 많이 있습니다. 그러나 '왜?'라는 인간 실존에 바탕을 둔 교육서는 흔하지 않습니다.

그럼에도 교육학이나 심리학이 교육의 올바른 향방을 제시해 주고 있음은 다행한 일입니다. 그러나 이들 학문은 출세간出世間적인 원초적이고 본질적인 질문에 대한 해답을 제시하는 데는 매우 인색합니다. 아직 거기까지 이르지 못했다고나 할까요.

우리는 왜 사는가?

공부하는 이유는 무엇인가?
어떤 사람이 되려고 공부하는가?
훌륭한 사람이란 어떤 사람인가?
무엇이 진정한 교육인가?
참된 부모의 길은 어떤 것인가?

부처님의 가르침은 이런 의문에 대한 답을 명쾌하게 알려 줍니다. 세상 사람들이 부처님을 '인류의 위대한 스승'이라고 칭송하는 이유가 바로 여기에 있습니다.

이 책을 통해 부모의 가슴에 등불 하나가 켜지기를 간절히 기원합니다.

2011년 1월

민병직

| 차 례 |

Part 1

환경이 아이를 만든다

환경이 아이의 인생을 결정짓게 합니다. 환경은 우주과학자를 만들기도 하고 거지나 도둑을 만들기도 합니다. 아이를 훌륭하게 성장시키고 싶다면 아이에게 좋은 환경을 제공해 주어야 합니다.

가정은 꽃동산같이 아름다운 곳

전통적인 한국의 부모들은 가부장적인 모습을 보이기도 하지만 서로 존경과 신뢰 속에서 살아왔습니다. 상대에게 서로 존대어를 쓰고 할 일을 구분하였으며, 자녀교육에 있어서도 먼저 덕행을 보여 주었으며 말은 그 다음이었습니다. 그 결과 사회의 범죄가 적었고, 부부지간의 마찰이 적었으며, 자녀들의 효성이 지극했습니다. 가정이나 사회가 안정적이었을 뿐 아니라 매우 이상적이었습니다.

오늘날의 한국 사회는 이런 밑바탕에 터하고 있지만 우리의 정서에 잘 맞지 않는 다른 문화의 무분별한 도입으로 자녀들의 가치관을 올바르게 이끌지 못하고 있는 것이 현실입니다.

부부로 살다 보면 사소한 것들에서 마찰이 일어나기 마련입니다. 살면서 자신의 입장을 정당화하기 위한 수단도 필요하고, 또 사안에 따라 다른 의견을 가질 수도 있기 때문이지요. 이 과정에서 소소한 마찰이 일기도 하고, 드물지만 때로는 걷잡을 수 없는 파탄을 맞을 수도 있겠지요.

문제는 이런 인생살이 과정에서 자신의 이익을 위해서라면 아이들의 일생을 책임질 아무런 대책도 없이 가정생활을 쉽게 깨뜨려버리는 일이 흔하게 일어난다는 사실입니다.

내가 근무하는 학교에도 '한 부모 가정'에서 자라는 아이가 자꾸 늘어만 갑니다. 결혼할 때 주례 선생님께서 "검은 머리가 파뿌리 되도록 서로 위하고 사랑하며 살아가길 맹세합니까?"라고 물으면 "예!" 하고 대답했겠지요. 그런데 이런 맹세가 의견이 다르다고 해서, 성격이 다르다고 해서, 쉽게 물거품이 되어 버리곤 합니다. 그래서 결혼생활을 청산하고 서로 다른 길로 떠나갑니다. 이 과정에서 최대의 피해자가 누구일까요?

여섯 자녀 모두를 미국 명문대학을 졸업시키고 사회지도자급 인물로 성장시킨 어느 어머니는 이렇게 말합니다.

나는 나의 자녀들에게 우리 부부의 차이가 어떻게 플러스되는지 말해 주곤 했다. 그것은 가정 안에서 남편이 아버지로서 가져야 할 권위를 아내인 내가 세워 주지 않으면 안 된다고 생각했기 때문이다. 어머니인 내가 아이의 아버지인 남편을 존중하지 않으면 아이 역시 아버지의 권위를 인정하지 않는다. 그러면 아버지의 가르침에 힘이 실릴 수가 없다. 입장을 바꾼 경우도 마찬가지이다. 아내가 어머니가 되는 순간, 남편은 아내의 권위를 세워 주어야 한다.

부부는 서로가 존중해 주어야 합니다. 아내는 남편의 존재와 권위를 존중해 주고, 남편은 아내의 존재와 권위를 존중해 주어야 합니다. 그래야 아이들도 아버지를 존중하고 어머니를 존중합니다. 남편이 아내를 윽박지르고 아내가 남편을 홀대하면 그 집안은 곧 지옥으로 바뀌고 맙니다. 부처님은 이렇게 말씀하셨지요.

"가정은 가족이 서로 화목하면 꽃동산과 같이 아름다운 곳."

이것이 부처님께서 바라시는 진정한 가정의 모습입니다. 지옥이, 천당이 이곳을 떠나 다른 곳에 있다고 하면 억지이고 잘못입니다. 가족 구성원이 어떻게 생활을 하느냐에 따라 가정은 천당이 되기도 하고 지옥이 되기도 하는 것이니까요.

　우리들은 무엇보다 가정을 수행의 장으로 가꿀 일입니다. 큰소리 내지 않고, 서로를 섬기며 살 것입니다. 아이들은 부모를 섬기고, 부모는 자식을 위하고, 서로서로 위하는 삶을 산다면 가정은 꽃동산처럼 아름다운 곳이 될 것입니다.

　부처님은 강가 하(河)의 기슭을 떠나 다시 북쪽으로 올라가 나티카 촌의 어떤 대장장이 집에 머물러 계셨다. 그때 아니룻다와 난디, 킴비이라 등 세 수행자는 고오싱가 숲속에서 공부하고 있었다. 어느 저녁나절 부처님은 선정에서 일어나 숲으로 그들을 찾아 가셨다.

　세 사람은 부처님께 나아갔다. 한 사람은 부처님의 옷과 발우를 받고, 한 사람은 자리를 준비하고, 또 한 사람은 발 씻을 물을 준비했다.

　부처님은 발을 씻으시고 준비한 자리에 앉으셨다. 비구들은 부처님께 예배하고 그 곁에 앉았다. 부처님은 아니룻다에게 말씀하셨다.

　"아니룻다야, 너희들은 서로 화목하여 다툼이 없느냐? 젖과 물처럼 서로 어울리고 서로 사랑하고 서로 돌보며 사느냐?"

　"세존이시여, 그러하나이다."

　"아니룻다야, 너희들은 어떻게 서로 화합해 사느냐?"

　"세존이시여, 저희들은 이렇게 생각합니다. '이러한 동행자들과 함께 살 수 있는 우리는 행복하다'고. 저희는 겉과 속이 다름없이 자비스런 행동과 말과 뜻으로써 벗들을 섬기고 있습니다. 그래서 모두가 자기 마음을 버리고 벗들의 마음과 하나가 됩니다."

● 아함경

고오싱가 숲동산에서 고요하고 평화롭게 펼쳐지는 스승과 제
자들의 대화를 바라보면서 과연 가정의 평화가 무엇인지를 생각
합니다. 부처님과 제자의 주고받는 잔잔한 음성에 귀를 기울이며
두 손을 모으고 부처님의 뜻을 가만히 생각해 봅니다. 한 제자는
부처님의 옷과 발우를 받고, 한 사람은 자리를 준비하고, 또 한
사람은 발 씻을 물을 준비하는 모습에서 가족 구성원이 어떤 역
할을 해야 하는가를 사무치게 생각합니다.

부처님께서 고오싱가로 오셔서 아니룻다에게 물으시듯, 지금
나의 가정으로 오셔서 우리의 모습을 보고 물으실 것 같습니다.

"너희들은 화목하여 다툼이 없느냐? 젖과 물처럼 어울리고 서
로 사랑하고 서로 돌보며 사느냐?"

평화는 서로를 섬기는 데 있고, 극락은 평화로운 가정에 있습
니다. 가정은 온 가족이 지친 몸을 쉬고 상처받은 마음을 치유받
는 보금자리입니다. 그러기에 가정의 평화는 세상 어느 것에도
비견될 수 없을 만큼 중요합니다.

가정이 깨지면 가족 구성원 모두가 지옥을 헤매는 고통을 느낍
니다. 이런 일이 벌어진다면 누구의 책임입니까? 부처님은 우리
에게 이르십니다. "젖과 물처럼 서로 어울리라"고.

가정은 안온해야 합니다. 조화롭지 못한 마음으로는 안온이 어
렵습니다. 늘 평온하고 잔잔한 수면처럼 안정이 있는 가운데 삶
이 진실해진다는 사실을 인식해야 합니다.

우리는 무엇보다 자신을 위해, 아이들을 위해, 이웃을 위해, 나
아가 세계의 평화와 번영을 위해 노력하고 정진할 일입니다.

환경이
아이를 만든다

인도의 정글을 탐사하던 한 부부가 아기를 잃어버린다. 정글 속에 혼자 남겨진 아기는 늑대에게 구출된다. 사람의 아기, 모글리는 늑대 굴에서 늑대 새끼들과 어울려 살게 된다.

어느덧 열 살이 넘어선다. 그동안 모글리는 정글의 규칙, 짐승의 울음, 새소리, 그리고 숲속 친구들을 부르는 소리를 배웠다.

모글리는 정글에서만 지내다 보니 사람이 그리워졌다. 그 날부터 사람의 말을 배우고 물소를 지키며 10년을 보낸다. 그러나 늘 정글을 그리워한다. 마침내 모글리는 다시 정글로 들어간다.

영국의 시인이자 소설가인 조셉 러디어드 키플링Joseph Rudyard Kipling이 쓴 〈정글북〉의 이야기입니다. 정글을 배경으로 펼쳐지는 〈정글북〉의 이야기는 처음부터 신나고 흥미진진합니다. 주인공인 모글리와 숲속 동물들과 나누는 우정은, 누구나 밀림 속으로 들어가고 싶은 충동을 일으키게 할 만큼 아름다운 상상의 세계로 이끌지요.

이 작품을 읽다 보면 주인공을 통해 진정한 사랑과 용기가 무엇인지, 환경이 주인공에게 어떤 영향을 주었는지 알 수 있습니다.

> 1920년 인도에서 카말라(8살)와 아말라(1살 반)라는 두 소녀가 늑대굴에서 발견되었다. 발견 당시 두 발과 두 손을 이용해 기어 다녔고 일어서지는 못했다. 음식을 짐승처럼 혀로 핥아먹었으며 하룻밤에 세 번씩(10시, 1시, 3시) 짖는 등 행동이 늑대와 다름없었다.
>
> 당시의 학자들은 카말라에게 말을 가르치려 부단히 노력했다. 그러나 그 노력의 결과는 아주 미미했다. 4년 동안 노력한 결과 카말라가 습득한 단어는 겨우 45개뿐이었다고 한다.
>
> 발견 후 1년이 채 안 되어 아말라는 병으로 죽고, 언니인 카말라 역시 심한 이질에 걸려 1929년 11월 숨을 거두고 말았다.

실제 지구상에서 일어났던 야생아 이야기입니다. 지구촌을 안타까움으로 몰아넣었던 이 사건은 환경이 얼마나 중요한지 극명하게 보여준 역사적 실화입니다. 인간 세계로 돌아온 카말라와 아말라는 결국 인간이 되지 못하고 세상을 떠났습니다.

환경은 아이들에게 제공되는 어마어마하게 큰 학습장입니다. 17세기 영국의 철학자 존 로크John Locke는 인간은 태어날 때 백지와 같다고 했습니다. 백지는 어떤 그림을 그리느냐에 따라 운명이 달라집니다. 부처님을 그리면 거룩한 형상이 되지만 악마를 그리면 무서운 신상의 모습이 됩니다. 백지에 부처님을 그리게 하느냐 악마를 그리게 하느냐는 것은 다분히 어른들의 몫입니다.

미국의 심리학자 존 왓슨John Watson은 "나에게 건강하고 정상적인 12명의 아이와 그들을 기를 특별한 환경을 주면 내가 원하는 어떤 사람으로도 만들 수 있다. 지능, 재능, 능력, 인종 등에 관계없이 의사, 변호사, 예술가, 심지어 거지나 도둑으로도 만들 수 있다"고 했습니다.

우리의 조상들은 집을 짓고 살터를 잡는 데도 환경을 우선으로 중요시했지요.

> 살터를 정할 때에는 네 가지를 참고해야 한다. 첫째는 지리地理가 좋아야 하고 둘째는 생리生利(땅에서 생산되는 이익)가 좋아야 하며, 셋째는 인심人心이 좋아야 하고, 넷째는 산수山水가 좋아야 한다. 이 네 가지 중 하나라도 모자라면 좋은 땅이라고 할 수 없다.
>
> ●이중환. 택리지

환경은 교육의 원천입니다. 가정은 온 가족이 지친 몸을 쉬고 위로받으며 생활의 활력을 충전하는 평화와 창조의 장소입니다. 그러기에 늘 안온하여 평화가 넘실대야 합니다.

가족 간에 다툼이 있고 대립하는 것은 정상적인 모습이 아닙니다. 아이가 학과 공부에 조금 뒤떨어진다고 윽박지르는 것은 옳지 않습니다. 가족이 서로 찬탄과 존중하는 것이 참다운 가정입니다.

사람은 누구나 여러 환경 속에서 살고 있다. 환경이 평화와 안정을 가져다 주지만 그렇지 않을 때도 있다. 그러나 자신이 환경의 종속자라든가, 환경 속의 자기라는 생각이 있는 한, 그 사람은 결코 자유인이 될 수 없다. 그러므로 환경을 만드는 사람이 되어야 한다. 환경을 이끄는 사람이 되고 환경을 넘어서는 사람이 되어야 한다. 그것이 불성인간이다.

●광덕스님. 빛의 목소리

환경이 아이를 만든다

고삐만 살짝
당겨 주는 지혜

미국의 뉴욕에 있는 어느 기업의 본사에서 있었던 일입니다. 로비에 10cm 정도의 열대어를 키우는 어항이 있었는데, 그 열대어들이 너무나 아름다워 지나가는 사람들의 시선을 사로잡곤 했습니다. 지느러미의 아름다운 움직임과 유연한 몸매, 껌뻑이는 까만 눈동자, 몸만큼 큰 머리의 위엄이 사람들의 눈을 끌기에 충분했지요.

하루는 아버지를 만나러 온 그룹 회장의 막내아들이 열대어의 신기한 모습에 빠져 어항에 손을 넣어 잡으려 했습니다. 그 순간 어항이 탁자에서 떨어져 깨지면서 열대어들이 바닥에 나뒹굴었습니다. 직원들은 깜짝 놀라 뛰어나왔고 궁여지책으로 열대어를 로비의 분수대로 옮겼습니다.

새로 주문한 어항이 도착한 것은 그로부터 2개월 뒤. 그 사이 열대어는 무려 30cm 정도 자랐습니다. 이렇게 자란 열대어를 두고 사람들의 의견은 분분했습니다. 그동안 어항에서는 잘 자라지 않다가 저렇게 불쑥 자란 것은 물에 광물질이 함유되어 있기 때문이라니, 생장 촉진의 먹이를 주었기 때문이라니, 제각기 의견들을 펼쳤습니다.

그러나 이들의 말 중에는 분명한 공통점 하나가 있었습니다. 다름 아닌 열대어가 어항 속의 좁은 환경을 벗어나 좀더 넓은 환경으로 옮겨졌다는 사실입니다.

아이들에 대한 교육도 이와 같습니다. 아이들이 보다 큰 이상을 갖고 큰 사람이 되기 위해서는 거기에 맞는 환경을 마련해 주지 않으면 안 됩니다. 이것이 '어항의 법칙'입니다. 우리가 잘 알고 있는 '벼룩 실험'에서도 이 같은 사실을 볼 수 있습니다. 벼룩은 높이뛰기를 매우 잘하는 곤충으로 알려져 있지요.

1910년 미국의 연구진들은 몸길이 3.3mm에 불과한 벼룩이 최고 33cm를 뛴다는 사실을 관찰했습니다. 자기 몸 길이의 100배를 뛰는 것입니다. 이런 벼룩을 낮은 높이의 컵에 넣어 며칠을 기른 다음 보다 큰 컵으로 옮겨 높이뛰기를 시켜본 결과 자신이 갇혔던 낮은 높이의 컵 이상으로 뛰지 못했습니다.

부모는 아이가 자랄수록 어항이 아닌 연못, 작은 컵이 아니라 넓은 벌판에 나가 뛰어놀게 해 주어야 합니다. 아이들도 자유를 원합니다. 부모로부터 지나친 통제를 받고 싶어 하지 않습니다. 부모는 가급적 아이에 대한 지나친 통제나 불필요한 걱정을 스스로 덜어낼 필요가 있는 것입니다. 부모의 지나친 통제가 도리어 작은 열대어를 만들어 내고, 잘 뛰지 못하는 절름발이 벼룩을 만들어 냅니다. 작은 열대어와 절름발이 벼룩이 되지 않도록 하는 기술, 이 기술은 아이에게 있는 것이 아니라 바로 부모에게 있습니다.

경험 많은 농부에게서 소를 모는 지혜를 배우는 일, 이것이 자녀교육의 첫걸음입니다. 소를 다루는 데는 농부가 최고입니다. 농부들은 소를 다룸에 있어 서두르거나 매를 들지 않습니다. 시시콜콜하게 길을 가르치지도 않습니다.

우리는 자녀교육의 지혜인, 소를 찾아나서는 것이 얼마나 아름다운 일인가를 깨닫습니다. 저 곽암선사의 소를 찾는 그림, 〈심우도尋牛圖〉처럼 의당 자녀교육도 차근차근 그렇게 할 것입니다. 그렇게 할 때 잃어버린 소, 즉 자기자신을 찾기 위해 고행의 언덕을 넘는 기쁨을 이렇게 노래할 수 있을 것입니다.

교육은 〈심우도〉의 노래처럼 마른나무 위에 꽃이 피게 하는 것입니다. 여기에 무슨 엄청난 숨은 비법이 있겠습니까. 농부처럼 필요할 때 소의 고삐를 살짝 당겨주기만 하면 그만입니다. 교육은 이렇게 쉬운 것입니다. 아이가 필요할 때 살짝 웃어만 주어도 자녀교육은 빛이 납니다. 그러니 재 묻고 흙 묻은 얼굴이지만 함박웃음이 피어날 수밖에요.

Part 2

어머니는 최고의 교육자

"아이의 운명은 언제나 그 어머니가 만든다."
                                                    – 나폴레옹

아이는 새하얀 천입니다. 어머니는 가장 가까이서 그 새하얀 천에 물들여 가
는 최고의 염색기술자, 최초의 선생님이지요. 무심코 하는 어머니의 작은 언
행 하나가 아이에게 그대로 흡수되어 아이의 운명을 결정짓게 되니까요.

어른들은 마음대로야

> 어린이날인데도 어른들 마음대로 한다. 우리들 날인데 모든 것을 어른들 마음대로 결정한다. 이런 게 어디 있어! 어린이날인데 어른들 마음대로 하다니. 이거 너무한 것 아닌가? 그래도 수진이를 만나서 약간 기분이 좋았다.
>
> ● 승연이의 일기 전문, 어른들은 마음대로야

내가 담임한 1학년 아이가 어린이날에 쓴 일기입니다. 어른들의 모습은 비단 승연이의 눈에만 그렇게 비친 것이 아닙니다. 아이들은 생활 곳곳에서 어른들을 성토하고 있지요.

다음 해 어느 날, 2학년인 선일이는 이런 일기를 썼습니다.

> 엄마는 맨날 공부하라고 잔소리만 한다. 엄마는 텔레비전만 보면서 잔소리만 한다. 내가 어쩌다가 만화영화를 보려고 해도 공부

하라고 잔소리만 한다. 엄마의 잔소리에 귀가 따갑다. 공부하다 조금 쉬려고 해도 또 공부만 하라고 한다.

중학교 1학년이 된 승연이. 6학년 때의 어느 날 승연이는 담임인 필자에게 엄마를 바꿔 버렸으면 좋겠다고 말했습니다. 이유인즉 엄마가 시도 때도 없이 공부하라고 들볶는다는 것입니다.

그럴 즈음 승연이 엄마가 찾아왔습니다. 승연이 엄마는 대뜸 우리 승연이가 옛날의 승연이가 아니란 말을 하면서 요즘 들어 왜 그렇게 반항적인 태도를 보이는지 모르겠다고 하였습니다. 승연이가 반항하는 말이 "나는 공부하는 기계가 아니니 제발 잔소리 좀 그만 하세요!" 하면서 따지더란 이야기였습니다.

승연이의 아버지는 서울 명문대학의 교수로 있고 엄마는 서울의 유명대인 S대를 나온 집안의 아이였습니다.

이것이 아이들 눈에 비치는 어른상이고 부모의 상입니다. 이런 상으로 어찌 자녀를 훌륭히 키워낼 수 있을까요?

부모는 알아야 합니다. 자녀가 소유물이 아니라는 사실을. 그러기에 어른들 마음대로 할 수 없습니다. 또 자녀는 공부하는 기계가 아닙니다. 만화를 보고 싶어 할 때 그들의 마음을 읽어 주어야 하고, 축구를 하고 싶어 할 때 공을 찰 수 있도록 적절하게 배려해 주어야 합니다.

우리는 부처님 당시에 유명한 바보 출라 판타카Cula pantaka를
기억합니다. 열을 가르치면 열을 다 잊고, 하나를 가르치면 하나
마저 잊는 바보였지요. 부처님이 어느 날 문간에서 울고 있는 그
바보 판타카에게 다가가 조용히 손을 잡고는 빗자루를 들려 주었
습니다. 그리고는 빗자루로 마당을 청소하며 '빗자루'를 외우게
합니다. 판타카는 마당을 열심히 청소하며 빗자루를 외웠습니다.
그러던 어느 날 판타카는 그만 깨달음을 얻었습니다. '빗자루는
지혜요, 쓰레기는 번뇌'라는 것을. 그 순간 대장장이 춘다가 부처
님을 처음 만나 기쁨을 참지 못하고 춤을 추었듯 판타카도 춤을
추며 기쁨의 눈물을 흘렸습니다.

우리는 교육을 저 부처님처럼 할 것입니다. 부처님이 바보 판
타카에 맞는 눈높이 교육을 하였듯 우리도 그렇게 할 것입니다.
영어교육이 필요한 사람에겐 영어교육을, 축구연습이 필요한 선
수에겐 축구연습을, 총을 든 군인에겐 총 쏘는 훈련을 시킬 것입
니다. 부모 마음대로, 국가 마음대로 시키는 것은 결코 바람직한
일이 아닙니다.

지금 초등학교에는 영어에 대한 바람이 불고 있습니다. 그것은
이미 거센 광풍이 되어 인정사정없이 몰아치고 있습니다.
"너 무슨 영어 하니?"
"나는 ○○ 영어 학습지를 하는데 너는 무슨 학습지를 하니?"
"1주일에 영어학원에는 몇 시간이나 다니니?"
교실에서 우연히 엿들은 아이들끼리의 대화입니다. 이렇게 영
어 광풍이 휘몰아치는 이유는 세계화를 위해서, 남에게 뒤떨어지

지 않고 잘 살기 위해서는 의당 그렇게 해야 한다는 것입니다. 개인적으로나 국가적으로 모두가 영어를 잘하면 참 좋은 일입니다. 그러나 그것만이 능사는 아닙니다. 초등학교 때부터, 아니 유치원 때부터 모든 국민을 영어박사로 만들어서 무엇하겠습니까?

초등학교 아이들에게 영어교육과 사람이 되게 하는 인성교육, 이 둘 중 어느 것이 더 중요한 것일까요?

"『빨간 머리 앤』을 읽어 봤니? 읽어 보니까 고아 소녀 앤은 정말 재주꾼이더라. 나에게 큰 희망을 준 소녀야."

나는 아이들에게서 이런 대화가 나오길 희망합니다. 특정 교과목을 들먹이기에 앞서 조용히 앉아 독서삼매에 잠기는 아이들의 모습을 진정 보고 싶습니다.

당신은 어떻습니까? 당신의 아이가 영어 몇 마디하는 모습이 예쁩니까? 독서삼매에 들어 있는 모습이 더 예쁩니까? 만약 영어를 잘해야 잘 산다고 하는 논리라면 아시아에서 필리핀이 제일 잘 살아야 하고 일본이 제일 못 살아야 합니다.

세상은 바라보는 자의 것입니다. 배려하는 자의 것입니다. 자녀교육에 있어서도 매한가지입니다. 부모는 마땅히 조력자가 되어야 할 것입니다. 조력이 무엇입니까? 바라보는 것입니다. 바라보다 그것이 아니다 싶을 때 살짝 도와주는 것입니다. 이것이 부모가 할 역할이며 국가가 할 역할입니다.

교육이란 알지 못하는 바를 알도록 가르치는 것을 의미하는 것

『톰 소여의 모험』, 『허클베리 핀의 모험』을 쓴 마크 트웨인Mark Twain의 말입니다. 교육은 영어나 사회, 수학과 같은 교과목의 지식을 가르치기에 앞서 정의를 가르치고 실천을 가르치는 것입니다. 마음을 아름답게 가꾸어 가도록, 인생을 멋지게 살 수 있도록 해 주는 것이 교육입니다. 부처님이 판타카에게 열반涅槃이니 반야般若니 공空이니 하는 것을 가르치지 않고 마당 쓰는 일을 가르치셨듯 우리도 아이들의 눈높이에 맞춰 교육할 것입니다.

어머니는 최고의 교육자

어머니는 자녀들의 좋은 친구가 되어야 합니다. 자녀들이 어머니의 좋은 점을 모방하도록 항시 좋은 친구로서 격려하고 위로하는 동반자가 되어야 합니다. 쓸데 없는 권위일랑 내다버리고 잔소리 그만하고 친구처럼 훌륭한 벗이 되어야 합니다.

훌륭한 벗이란 어떤 것일까. 항상 부드럽게 말하고 옆에 있어서 마냥 좋은 어머니가 되어야 한다는 뜻입니다.

● 민병직. 붓다로부터 배우는 자녀교육의 지혜

어머니는 가정의 리더입니다. 아이의 친구이자 말벗이고 최후의 보호자이며 친근한 상담자입니다. 그러기에 어머니의 역할은 지대합니다.

이 지대한 역할을 수행하기 위한 전제조건이 무엇일까요? 지혜로움입니다. 어머니가 우둔하면 자녀를 잘 키워낼 수 없습니다. 역대 위인들의 어머니를 보세요. 위인들의 뒤에는 반드시 훌륭한 어머니가 있었습니다.

　'쉰들러 리스트', '쥐라기 공원', 'E·T', '인디아나 존스' 등 주옥같은 영화를 만든 스티븐 스필버그Steven Allan Spielberg는 학교를 지옥처럼 여겼으며 성적 또한 늘 하위였습니다. 그는 외톨이였고 누구 하나 그를 눈여겨보는 사람이 없었습니다. 그러나 그의 어머니는 매우 개방적이었으며 스필버그가 원하는 것은 스스로 결정하도록 했습니다. 실수를 할 경우는 스스로 반성하도록 하였고, 상상하기 좋아하는 그에게 상상할 수 있는 시간과 여건을 마련해 주었습니다.
　아이를 향한 어머니의 긍정적인 믿음과 신뢰감은 스필버그로 하여금 세기적인 영화감독이라는 명성을 얻게 하였습니다.

　세계 최초의 여류소설가 펄벅Pearl Sydenstricker Buc. 소설 〈대지〉로 퓰리처상과 노벨문학상을 받은 펄벅도 어머니가 없었다면 세계 문단에 우뚝 서지 못했을 것입니다.
　펄벅의 어머니 케롤라인은 펄벅이 어릴 적부터 영국의 고전을 읽을 수 있도록 지도하고 독려했습니다. 그러한 어머니 덕택으로 펄벅은 일곱 살 때 영국의 문호인 디킨스Dickens의 소설을 읽었다고 전해집니다. 어머니의 독서에 대한 이러한 관심이 어린 펄벅에게 지적인 갈망과 상상력, 창의력을 증장시키는 계기가 된 것입니다. 상상력을 키워 주기 위해 잡지나 신문 등에서 오린 그림을 펄벅의 방에 붙여 주어 희망과 꿈을 키워 주곤 했다고 합니다.

골프의 천재 타이거 우즈Tiger Woods를 만든 것도 온전히 어머니인 쿨리다 우즈의 노력이었습니다. 그의 어머니는 늘 불교의 가르침에 모든 교육원리를 두고 아들을 키웠습니다. 어릴 적 골프에 천부적 소질이 있음을 발견하고 걷기 시작할 때부터 골프교육을 시킨 것입니다.

세기적인 골프 선수로서의 명성을 얻은 타이거 우즈는 비록 자신의 사생활에서 문제를 유발하기도 했지만 그가 골프 황제의 자리를 지킬 수 있었던 것은 순전히 어머니가 곁에 있었기 때문입니다.

시각, 청각, 언어를 모두 잃은 헬렌 켈러Helen Adams Keller에게도 훌륭한 어머니가 있었습니다. 가장 가까이서 영향을 준 사람은 그녀의 가정교사였던 설리반이었지만 설리반 못지않게 뒤에서 눈물을 감추며 인내를 갖고 교육을 시킨 것은 그의 어머니였습니다.

미국의 흑인 인권운동가인 마틴 루터 킹Martin Luther King 목사. 그의 어머니인 앨버타 윌리엄스 킹은 늘 어린 킹에게 흑인 노예의 비참한 역사를 이야기해 주었습니다. 그러면서 링컨 대통령처럼 인권을 위한 사람이 되라고 가르쳤습니다. 그 결과 킹 목사는 노벨평화상을 수상했습니다.

나폴레옹Napoléon의 어머니 레티지아. 레티지아는 나폴레옹이 어릴 적 위인전을 많이 읽게 하여 위인들의 행적을 공부시켰습니다. 독서를 통해서 인성교육은 물론 야망을 어떻게 가져야 하는

가를 인식시켰습니다. 나폴레옹이 어머니에게 얼마나 큰 영향을 받았는지는 "자식은 그의 어머니가 만든다"라는 그의 말에서도 알 수 있습니다.

안데르센Andersen은 어렸을 때 글쓰기를 좋아했습니다. 열한 살 때 희곡을 다 쓴 그는 날듯이 기뻐서 너나 할 것 없이 낭독해 들려주었으나 누구 하나 칭찬하는 사람이 없었습니다. 칭찬은커녕 옆집의 아주머니는 "너의 엉터리 같은 얘기를 들을 수 없어" 하고 핀잔을 주었습니다. 안데르센이 실의에 잠기자 어머니는 꽃밭으로 데리고 가 "보렴, 예쁘지? 하지만 떡잎도 있단다. 간신히 흙에서 얼굴을 내민 귀여운 쌍잎. 애야, 너도 이 떡잎과 같단다. 아직 예쁘지는 않지만 이윽고 근사한 꽃이 피어서 모두를 즐겁게 할 거야. 기운을 내서 힘껏 해 보기로 하자" 하며 격려해 주었습니다. 안데르센의 어머니는 아들이 이렇게 실의에 잠길 적마다 어깨를 감싸 안아 주었습니다.

〈성냥팔이 소녀〉, 〈인어공주〉, 〈미운오리 새끼〉, 〈백조왕자〉 등이 모두 안데르센의 작품입니다.

"나는 우리나라가 세계에서 가장 아름다운 나라가 되기를 원한다. 가장 부강한 나라가 되기를 원하는 것은 아니다. 우리의 부력은 우리의 생활을 풍족히 할 만하고, 우리의 강력은 남의 침략을 막을 만하면 족하다. 오직 한없이 가지고 싶은 것은 높은 문화의 힘이다. 문화의 힘은 우리 자신을 행복하게 하고, 나아가서 남에게 행복을 주겠기 때문이다."

상해 임시정부 수장으로서 우리나라 독립운동을 이끈 백범 김구 선생의 말입니다. 김구 선생의 뒤에도 어머니인 곽낙원이 있었습니다. 어머니는 늘 아들 김구에게 자유와 정의를 가르쳐, 나라를 위해 헌신할 터전을 다져 주었습니다.

조선시대의 문필가 한석봉을 역사의 한 장에 기록하게 만든 힘 역시 그의 어머니였습니다. 절에 들어가 공부를 한 지 10년이 지나 그리운 어머니를 만나러 왔을 때, 어머니는 먼저 석봉의 실력을 보기로 했습니다. 불을 끈 상태에서 떡장수였던 어머니는 떡을 썰고 석봉은 글씨를 썼습니다. 어머니가 썬 떡은 아주 균일하게 썰어졌지만 석봉의 글씨는 크기는 물론 모양이 비뚤비뚤하였습니다. 어머니는 석봉을 크게 꾸짖으며 눈을 감고도 글씨를 훌륭하게 쓸 때까지는 집에 오지 말 것을 엄명했습니다.

불전佛典에도 아들을 성자로 이끈 어머니 이야기가 있습니다. 인도 뭄바이 근교에서 태어난 밧다의 어머니는 출가한 아들에게 게으르지 말 것과 욕망에 사로잡히지 말라는 가르침으로 아들을 성자로 만들었는데, 아들이 술회한 말이 이렇게 기록되어 전해 옵니다.

광덕스님은 평생을 고통받은 사람들 곁에 있었습니다. 인생의 의미를 찾지 못하고 방황하는 사람들 곁에서 언제나 아픔을 함께 했습니다. 죽음으로 번민하고, 삶의 의미를 잃어버리고 사는 현대인의 가슴에 찬란한 불법의 지평을 열어 주었던 불교계의 큰 별이었습니다. 매주 수천이 넘는 불자들이 모인 가운데 부처님 말씀을 전하며 방황하는 걸음을 멈추게 했습니다.

지금은 비록 열반에 들었지만 그 분의 가르침은 아직도 사람들의 가슴에 담긴 죽음에 대한 공포, 절망의 늪, 병고의 고통에서 해방되도록 구원해 주고 있습니다. 오로지 중생구제의 원력을 평생토록 펼쳤던 대자비의 보살인 광덕스님, 그분에게도 어머니가 있었습니다.

> 어머니는 아들(광덕스님)에게 당부했습니다.
> "앞으로 인생을 살아갈 때 남에게 피해를 주지 않고 살아야 한다. 또 남을 도우며 사는 삶이 되어야 한다. 부디 명심하여 잊지 않고 실천해라."
> ●법전 외. 어머니 스님들의 어머니, 광덕스님의 삼생지모

이처럼 위인들의 뒤에는 훌륭한 어머니가 있었습니다. 어머니는 가정교육의 중추로서 자녀를 훌륭히 키워낼 사명을 안고 있는 교육자입니다. 위인들의 어머니는 이러한 사명을 어떻게 수행해 내는가에 따라 자녀의 인생행로가 바뀜을 증명해 보인 셈입니다.

미국의 32대 대통령을 지낸 루스벨트Franklin Delano Roosevelt는

어머니의 위대성을 이렇게 말합니다.

그러나 현실적으로는 이따금 아이에 대해 절망에 가까운 한계를 느끼곤 합니다. 인내의 한계를 넘어 초조하고 힘겨워 가슴을 쓸어내릴 때가 많습니다. 그럴 적마다 방석을 깔고 조용히 앉아 부처님의 말씀을 명상합니다.

한 하늘 신이 부처님께 여쭈었다.
"누가 우리 집의 친구입니까?"
부처님께서 답하셨다.
"어머니가 우리 집의 친구니라."

● 상응부경

'어머니는 자녀의 친구가 되어야 한다'는 부처님 말씀. 자녀로 인해 지친 어머니에게 부처님은 친구가 되어야 한다고 간곡히 일러 주십니다. 부처님은 왜 이렇게 짧은 한마디로 어머니의 길을 제시하고 있는 걸까요?
이는 단조롭고 굴절이 없는 삶은 인생을 살찌우지 못하고 지혜

로운 삶이 될 수 없음을 일깨워 주고자 했던 부처님의 애틋한 마
음 때문일 겁니다.

아이의
양육 방식

아이들은 본래 개구쟁이입니다. 호기심이 많고 실수가 잦으며 금방금방 잘 잊어버립니다. 그런 속에서 아이들은 삶의 지혜를 배워 나가고 성장합니다. 그런데 모든 것을 어른의 수준에서 생각하여 어른의 기준에 맞지 않으면 야단을 치고 안타까워하는 부모들이 많습니다. 야단을 치고 매를 들고 훈계하면 아이가 잘 자랄 것 같지만 사실은 정반대입니다.

● 이종린, 소아정신과의사. 세간 속에서 해탈 이루리

대개의 부모들은 부모와 자녀 사이의 문제를 두 가지 방법으로 해결하려고 합니다. 하나는 부모의 의사대로 자녀를 양육하는 방식이고, 다른 하나는 아이의 의사대로 양육하는 방식입니다.

실제로 오늘날의 부모와 아이들은 누가 이기고 지느냐의 관점으로 전쟁을 벌이고 있다 해도 과언이 아닐 정도입니다. 이것이 힘들고 거북한 부모들은 이쪽저쪽도 아닌 제3의 다른 방식으로 자녀를 양육합니다.

부모 교육을 담당하는 교육학자나 심리학자들은 이런 방식들을 승자형, 패자형, 동요형으로 분류하지요.

승자형의 부모들은 자신의 권위를 절대 포기하려 들지 않습니다. 부모의 권위로 아이에게 권력을 행사하고 아이의 의견은 하나의 참고사항으로만 생각합니다. 아이가 부모에게 말대답을 하거나 부모의 의견에 따르지 않는다면 부모의 권위에 도전하는 것이라고 생각하고 심지어는 체벌을 가하기도 합니다.

다시 말해 승자형의 부모들은 자신의 의견을 끝까지 관철하려 들며, 아이에게 가장 훌륭한 조언자로 부모가 최고라는 강한 인식을 갖고 있고, 그렇게 하는 것이 아이를 돕는 것이라고 생각합니다. 아이가 부모가 지시한 것을 이행하지 않으면 말을 듣지 않는다고 심하게 야단치고 아이를 자신의 부속물로 생각하는 경향이 짙습니다.

다솜 : 아빠, 학교 교문에서 파는 병아리 한 마리 사 줘요.

아버지 : 왜?

다솜 : 민영이도 사서 기르고 민숙이도 키워요.

아버지 : 지저분하고 냄새가 나서 안 돼.

다솜 : 500원이면 사는데…….

아버지 : 돈이 문제가 아니야.

다솜 : 사올 거예요.

아버지 : 아빠가 동물을 싫어하는 이유를 모르니? 사오면 그날

부터 너에겐 용돈 금지야.

다솜 : 알았어요, 안 사오면 되잖아요!

　다솜이는 결국 용돈을 쥐고 흔드는 아버지의 권위에 무릎을 꿇고 말았습니다. 병아리를 키울 수 없다는 아버지의 주장이 이겼습니다. 그러나 이 경우 아버지는 승리한 기쁨 뒷면에 숨은 다음과 같은 뼈아픈 대가를 치러야 함을 기억해야 합니다.

　첫째, 아이는 의욕을 상실합니다. 어린 시절의 의욕은 사고력 향상과 지적인 능력으로 이어집니다. 의욕 상실로 인한 사고력 저하는 물론 추진력, 판단능력 등의 결여로 인해 자라면서 자칫 왜곡된 인생의 길을 걷게 될 수도 있습니다.

　둘째, 아이와의 관계를 악화시킵니다. 아이가 부모의 말을 따르는 것에 굴종이라고 생각하게 되고, 부모와 대화를 하려고 들지 않으며 사랑과 애정의 관계에서 적의와 증오의 관계로 나아가게 됩니다.

　셋째, 아이는 늘 불평불만을 갖게 됩니다. 자신이 할 수 있는 일은 아무것도 없다고 생각하고 부모의 결정에 의존하게 됩니다. 자신의 마음에 맞지 않는 결정이 내려지면 불평불만이 늘고 우유부단해집니다. 부모의 입장에서는 아이가 하는 일을 늘 감독해야 하고 잔소리를 늘어놓아야 합니다.

　넷째, 아이의 자율성이 무시됩니다. 자율성은 창의성과도 관련되어 있는데 창의성을 살리지 못하고 의존적이 되어 성장하여서도 남의 결정만을 좇는 수동적인 사람이 됩니다.

　결국 승자형의 경우는 부모의 힘과 권위를 이용하여 아이를 제압하는 경우로 아이의 자립성과 책임감을 약화시킬 우려가 있기 때문에 교육적으로 바람직하지 못합니다.

패자형의 부모들은 언제나 아이들이 마음대로 하도록 내버려 두는 타입입니다. 부모가 힘을 행사하고 권위를 부리는 것은 고답적이라고 생각하고 아이의 의견에 맞추어 가는 특성을 보입니다. 가령 부모와 의견대립이 있거나 갈등이 생기면 아이의 기를 살리기 위해서라도 아이가 이기는 쪽으로 마음을 정리합니다.

다솜 : 아빠, 학교 교문에서 파는 병아리 한 마리 사 줘요.

아버지 : 왜?

다솜 : 민영이도 사서 기르고 민숙이도 키워요.

아버지 : 지저분하고 냄새가 나서 안 돼.

다솜 : 500원이면 사는데…….

아버지 : 돈이 문제가 아니야.

다솜 : 사올 거예요.

아버지 : 알았다, 아빠는 너와 말하고 싶지 않아.

다솜이의 주장이 아버지의 주장을 이겼습니다. 아이가 이기고 부모가 져 주는 이런 경우 어떤 결과를 낳을까요? 자기 뜻대로 하도록 내버려 둔 아이들은 반항적이거나 의존적이지 않고 소극적이거나 순종적이지도 않습니다. 하지만 부모가 이기는 승자형의 경우처럼 이 경우에도 다음과 같은 뼈아픈 대가를 치르지 않으면 안 됩니다.

첫째, 제멋대로 행동할 가능성이 많고 자기를 통제하는 능력이 부족해집니다. 가치 기준이 자신이며 부모도 사회도 아니라고 생각합니다. 그러기에 극히 이기적이고 자기중심적인 아이로 자라게 됩니다. 부모에게 버릇없는 말을 일삼게 되고, 부모를 조정하려 들며, 거짓말을 하기도 합니다. 타인과의 관계에서도 자신이 먼저이며 타인의 권리와 자유를 존중하려 하지 않습니다.

둘째, 친구들과 어울리는 과정에서 자주 마찰이 일어나게 됩니다. 아이들은 독단적이거나 독선적인 아이들을 싫어합니다. 이기는 환경 속에서 자란 아이들은 늘 제 뜻대로 해왔기에 친구들 사이에서도 자기 뜻대로 하려고 합니다. 자기 뜻이 관철되지 않으면 마찰을 겪게 되는 것이지요.

셋째 선생님과의 관계가 원만하지 못합니다. 선생님들은 보통, 학생과의 갈등을 승자형의 형태로 해결하려 드는데, 이 과정에서 갈등을 유발할 가능성이 높습니다.

넷째, 부모에게 사랑을 받지 못한다고 생각합니다. 패자형의 경우 부모가 져 주는 형태이기 때문에 자녀에 대한 불만을 많이 갖는 성향이 있습니다. "그래 네 멋대로 해 봐라" 하는 식이 많습니다. 그러므로 아이는 성장하면서 다른 어른과 또래 친구들로부터 사랑받지 못한다고 생각하게 됩니다.

그럼 승자형과 패자형을 오가는 것, 즉 동요형이 가장 바람직한 교육방법이 아닌가 의문을 품을지 모릅니다.

동요형은 이기기도 하고 지기도 하며, 용서와 체벌, 엄격함과 유연함, 자유와 구속 사이를 왔다갔다 합니다. 그런데 학자들은 이런 '흔들리는 부모'는 아이의 양육에 있어 혼란을 갖고 있으며 승자형이나 패자형의 부모보다 더 많은 문제성을 유발할 가능성이 있다고 지적합니다. 큰 아이에게는 부모가 이기는 형태를 취하다가 둘째 아이에게는 아이가 이기는 쪽의 방법을 선택하는 방식 등이 그 예입니다.

이럴 경우, 첫째 아이는 부모가 둘째 아이만을 예뻐한다는 고정관념을 갖게 되기 십상입니다. 어떤 때는 부모가 권위로 아이를 이깁니다. 그러나 아이에 대한 죄책감에 다시 풀어놓습니다. 또는 부모가 아이의 의견을 쫓아갑니다. 그러다 마음에 들지 않으면 갑자기 돌변하여 권위로 아이의 의견을 짓누릅니다.

많은 부모들은 승자형, 패자형을 고집하거나 이 사이를 오가며 자녀를 양육하는 동요형의 형태를 취하고 있습니다. 이 방법 모두가 올바른 방법이 아님을 알면서도 탈출구를 찾지 못하는 경우가 허다하지요.

이런 문제점을 해결하는 방법으로 미국의 임상심리학자 토머스 고든Thomas Gordon은 무패방법no-lose method을 권하고 있습니다. 만족할 만한 대화 방식을 택하는 것이지요.

다솜 : 아빠, 학교 앞에서 파는 병아리 한 마리 사 줘요.

아버지 : 왜?

다솜 : 민영이도 사서 기르고 민숙이도 키워요.

아버지 : 지저분하고 냄새도 나고 그렇지 않겠니?

다솜 : 그래도 키우고 싶어요.

아버지 : 잘 보살피지 못하면 병아리가 죽게 될지 몰라. 생명을 잘 보살펴야 하는 것은 쉬운 일이 아니거든. 그러니까 다른

것을 키우면 안 되겠니?

다솜 : 그럼 금붕어를 키워 볼까요?

아버지 : 그래 그게 좋겠다. 보살피기도 쉽고 냄새도 나지 않을
테니까.

아버지와 다솜이는 결국 금붕어로 합의를 봤습니다. 서로 이긴
것도 없고 진 것도 없습니다. 아니, 서로가 이겼고 서로가 패하지
않았습니다.

고든은 이 무패방법을 택하는 경우, 지적 능력은 물론 친구 관
계가 매우 좋아지고 성격이 온화진다는 사실을 연구 결과로 도출
해 냈습니다.

그렇습니다. 무패방법의 경우 적대감이 줄고 사랑이 커지며 아
이를 강제할 필요성이 없어집니다. 힘을 개입하지 않아도 되고
부모와 아이 사이에 놓인 문제를 보다 적극적으로 해결할 수 있
는 기회가 주어지고 가정의 안온을 꾀할 수 있습니다. 부모도 살
고 아이도 사는 법, 이런 무패방법에 대해 부처님은 다음과 같은
말씀을 들려주십니다.

"소오나, 너는 세속에 있을 때 거문고를 잘 탔었지?"

"예, 그랬습니다."

"네가 거문고를 탈 때 만약 줄을 너무 조이면 어떻더냐?"

"소리가 잘 나지 않습니다."

"줄을 너무 늦추었을 때는 어떻더냐?"

승자형·패자형은 자녀교육을 그르치고 맙니다. 어떤 때는 승자형, 어떤 때는 패자형을 좇는 동요형도 마찬가지입니다.

우리는 의당 부처님의 가르침처럼 할 것입니다. 양극단에 치우친 교육을 하지 말 것입니다. 양극단의 교육은 자녀교육을 망치는 첩경입니다. 부처님께서 소오나 비구에게 하신 말씀처럼 너무 조이거나 늦추지 말아야 합니다. 승자와 패자를 구분짓는 것은 양극단으로 가는 교육방식입니다. 양극단으로 가지 않기 위해 늘 평온한 마음과 환한 얼굴로 우리는 아이와 대화합니다. 아이와 도란도란 이야기 나누는 데서 해답이 나오기 때문입니다.

아이는
당신의 것이 아니다 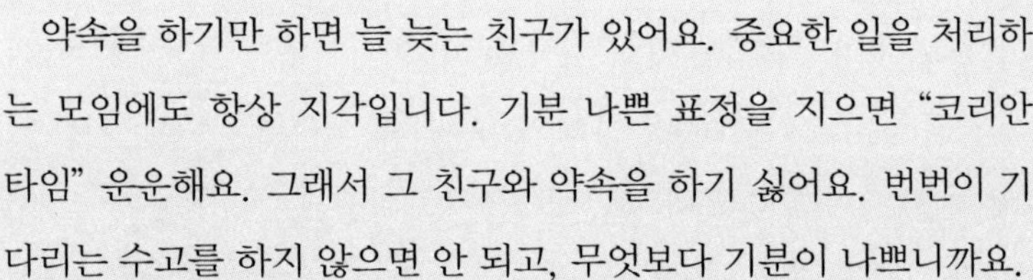

약속을 하기만 하면 늘 늦는 친구가 있어요. 중요한 일을 처리하는 모임에도 항상 지각입니다. 기분 나쁜 표정을 지으면 "코리안 타임" 운운해요. 그래서 그 친구와 약속을 하기 싫어요. 번번이 기다리는 수고를 하지 않으면 안 되고, 무엇보다 기분이 나쁘니까요.

현수는 언제부턴가 친구의 습성을 인정하기로 했습니다. 늦는 것은 친구의 문제이지 자신의 문제가 아님을 자각하고부터였습니다. 친구가 늦는 문제를 자기가 해결할 수 없음을 깨달은 것이지요.

생각이 여기에 이르자 기분이 나쁘지도 않고 친구가 밉지도 않았습니다. 도리어 늦는 친구에게 농담을 건네기도 했습니다.

"애인 만나고 왔구나."

"무척 바빴었나 보지?"

친구는 현수의 관대함에 흡족해 했지요.

사실, 친구는 변화된 것이 없습니다. 변화된 것은 친구가 아니라 현수 자신입니다. 현수가 친구의 습성을 인정하고 자신을 먼저 바꾸기로 한 것이니까요.

자기 자신에 대해 생각을 많이 해 본 사람은 다른 사람에게 관대합니다. 자기 자신만 아는 사람은 타인의 존재가치를 중요하게 생각하지 않습니다.

자아존중감은 성취감과 밀접한 관계에 있습니다. 자아존중감이 높으면 성취감이 높으며 활동적이고 생산적입니다. 늘 지각하는 친구의 습성을 인정하는 것, 이것은 자아존중감과도 관계가 있습니다.

대체로 학력이 높은 부모는 자녀의 학력에 그렇게 연연하지 않습니다. 그러나 학력이 낮은 경우는 자녀의 학력에 신경을 곤두세우는 경우가 많습니다. 이는 자녀를 통해 보상받으려는 의식이 지배하고 있기 때문인 것이지요. 또한 자신의 열등감이나 패배감을 자녀를 통해 보상받으려는 심리가 작용하고 있기 때문이기도 한 것이고요.

이런 것은 좋은 생각이 아닙니다. 아이는 부모를 의지해서 태어났지만 부모의 소유물이 아니기 때문입니다. 비록 부모가 아이에게 삶을 주었으나 그 삶은 전적으로 아이의 것입니다. 준 것으로 만족해야 한다는 뜻입니다. 누가 나에게 무엇을 주었는데 그걸 빌미로 자꾸 간섭한다면 어떻겠습니까? 괜히 받았다고 후회하고 물건을 내동이치거나 돌려주고 싶어질 것입니다.

청소년들의 자살 행위나 비행청소년이 되는 것도 이에 근거하는 것이지요. 부모가 자꾸 간섭을 하고 지나치게 요구를 하다 보면 아이는 한계에 이르게 되고 때론 극단적인 행동을 하게 됩니다.

당신의 자녀들은 당신의 것이 아닙니다.
그들은 생명의 아들이고 딸입니다.
그들은 당신을 통하여 왔지만 당신에게서 온 것이 아닙니다.
또한 당신과 함께 있으나 당신의 것은 아닙니다.

그들에게 당신이 사랑을 줄 수 있으나 생각은 줄 수 없습니다.
왜냐하면 그들은 자신의 생각이 있으니까요.
당신은 그들의 몸은 가둘 수 있어도 마음은 가둘 수 없습니다.
왜냐하면 그들의 마음은 '미래의 집'에 거주하기 때문입니다.
당신은 그곳을 방문할 수 없습니다, 꿈속에서조차도.

당신이 그들처럼 되고자 해도 좋으나
그들을 당신처럼 만들고자 하지는 마십시오.
왜냐하면 인생은 과거로 가는 것도 아니며
현재에 머무르지 않기 때문입니다.

●카릴지브란. 예언자, 당신의 자녀들은 당신의 것이 아닙니다

아이들은 그들만의 생명가치가 있습니다. 아이들의 생명은 아이들 것이지 부모 것이 아닙니다. 짐승들을 보세요. 새끼가 어느 정도 자라면 철저히 자립적인 생활을 할 수 있도록 조력하고 보살핍니다. 새끼가 잘못해도 물어뜯거나 해치려 들지 않습니다.

항차 짐승도 그러한데 사람은 어떻고 또 나는 어떻습니까?

세상은 다양하게 존재하는 법입니다. 공부를 잘하는 아이가 있으면 그렇지 못한 아이도 있게 마련입니다. 저 화단에 키 작은 채송화만 피어 있다면 아름다울까요? 또 키다리 해바라기만 피어 있다면 어떻겠습니까? 화단에는 키 큰 화초, 작은 화초가 어울려야 아름다운 법입니다. 이를 일러 다양성의 조화미, 다양성의 원리라고 부릅니다.

세상엔 다양한 아이들이 있습니다. 피부색이 검은 아이도 있고, 흰 아이도 있습니다. 노래를 잘하는 아이도 있고 못하는 아이도 있습니다. 곱슬머리의 아이도 있고 직모인 아이도 있습니다.

이러한 다양한 모습을 그대로 바라볼 수 있는 부모라야 행복한 삶을 살 수 있습니다. 부모가 행복해 하지 않으면 아이도 행복해지지 못합니다.

'아이가 어떻게 되기를 바라지 말고 무엇이 되는지 그냥 지켜보라.'

교육학자들은 자녀교육의 으뜸가는 성공비결을 '지켜보는 것'으로 충분하다고 말합니다.

지켜 봄

나 역시 교육학자들이 주장하는 '지켜 봄'이 오랜 세월 동안 아이들을 가르치면서 터득한 진리 가운데 하나입니다. 학부모가 나에게 찾아와 아이 문제로 하소연할 때, 한 발짝 떨어져 "일단 지켜 보라"고 부탁하는 것도 그 때문입니다.

그래도 어떤 부모들은 안달합니다. 그러나 일부 부모들은 배짱 좋게 담임인 나의 말을 믿고 실천했습니다. 안달을 한 부모들에게서는 좋은 결과를 듣지 못했지만 '지켜 봄'을 실천한 부모들에게서는 좋은 결과를 들을 수 있었습니다.

아이를 때려서 교육이 된다면 우리는 매일 때려야 할 것입니다. 잔소리해야 교육이 되는 것이라면 늘 잔소리를 해야 할 것입니다. 그러나 교육은 그렇게 해서 이루어지는 것이 아닙니다.

사자 새끼 한 마리가 어렸을 때 길을 잃고 양의 젖을 먹고 성장하게 되었다. 어린 사자는 자신이 양인 줄로만 알고 성장할 수밖에 없었다. 그러므로 사자가 가지고 있는 용맹성이라든지 백수의 왕으로서의 체통보다는 양들처럼 꼬리를 감추고 자기보다 더 강하다고 생각되는 동물들, 즉 이리나 늑대 등에게 쫓겨서 도망다니기 일쑤였다.

그러던 어느 날, 어미 양의 곁을 벗어나서 커다랗게 기지개를 쭉 펴고 한번 크게 고함을 질러 보았다. 그랬더니 다른 모든 짐승들, 여태까지 자신이 그토록 무서워했던 이리나 늑대들이 모두 자기를 두려워하고 멀리 도망가는 것이었다.

그때, 사자는 이렇게 생각했다.

'아, 내가 사자인가 보다. 그렇지 않고서는 다른 동물들이 도망갈 이유가 없지 않은가?'

● 법화경

이 비유는 안데르센이 쓴 〈미운 오리 새끼〉를 연상케 합니다. 안데르센에게 있어 이 비유가 세계적인 명작을 낳는 초석이 되지 않았을까 생각합니다.

이 이야기가 시사하는 바가 무엇일까요? 사자는 사자로서 살 수 있는 가능성과 양으로서 살 수 있는 가능성을 동시에 갖고 있음을 보여 주고 있지요. 이 비유는 환경의 중요성을 강조하는 우리들에 대한 비유로 해석해도 좋습니다.

세상은 변하고 있습니다. 아이들을 부모가 만든 틀에 들어가서 머물게 하려는 시도는 어리석은 행위입니다. 부모의 틀에 아이를 가두려는 것은 어린 생명에 대한 인권 유린이고 폭력일 수도 있습니다. 모두가 절대자존의 삶을 살고 있는 아름다운 부처님생명이기 때문입니다.

만일 내가 다시 아이를 키운다면
먼저 아이의 자존심을 세워 주고
집은 나중에 세우리라.
아이와 함께 손가락 그림을 더 많이 그리고,
손가락으로 명령하는 일은 덜 하리라.

아이를 바로 잡으려는 노력을 덜 하고

아이와 하나 되려고 더 많이 노력하리라.

시계에서 눈을 떼고

눈으로 아이를 더 많이 바라보리라.

만일 내가 다시 아이를 키운다면

아이가 더 많이 아는 데 관심 갖지 않고,

내가 아이에게 더 관심 갖는 법을 배우리라.

자전거도 더 많이 타고

연도 더 많이 날리리라.

들판을 더 많이 뛰어다니고

별들을 더 오래 바라보리라.

더 많이 껴안고 더 적게 다투리라.

도토리 속의 떡갈나무를 더 자주 보리라.

덜 단호하고 더 많이 긍정하리라.

힘을 사랑하는 사람으로 보이지 않고

사랑의 힘을 가진 사람으로 보이리라.

● 다이아나 후먼스. 만일 내가 다시 아이를 키운다면

아이들의
미래

"당신이 교사요?"

"……?"

"우리 아이가 뭘 잘못했다고 그렇게 합니까?"

"언성 낮추세요."

"뭘 그렇게 잘못했느냐고요?"

"숙제를 제대로 해오나 말을 잘 듣나, 도무지 가르칠 수가 없어요, 당신 아들은 ……."

"그러니까 교사가 필요한 것이 아닌가요?"

어느 날 학교의 복도에서 소란이 벌어졌습니다. 달려가 보니 학부모와 담임교사가 상기된 얼굴로 다투고 있었습니다. 이 과정에서 학부모는 담임교사에게 폭력을 행사하였고, 담임교사는 경찰을 불렀습니다.

인간관계가 지속되는 한 갈등은 필연적입니다. 단지 갈등을 어떻게 극복하느냐가 관건일 따름이지요.

현명한 부모와 교사들은 갈등을 잘 극복해 내지만 그렇지 않은 부모나 교사들은 갈등을 폭력으로 해결하려고 듭니다. 위의 경우도 멱살을 잡히고 경찰에 고소되는 사건으로 비화되었습니다.

담임교사의 말에 의하면 아이가 툭하면 다른 아이를 못살게 굴고 숙제를 안 해 오며 말을 잘 듣지 않는다는 것입니다. 그래서 반성문을 쓰게 했는데 한 시간 동안 쓴 글이 서너 줄이었다고 했습니다. 화가 난 담임교사는 오전 수업 시간 내내 반성문을 쓰게 했는데 이를 견디지 못한 아이는 반성문을 완성하지 못한 채 집으로 가 버렸습니다. 부모는 화가 치밀었고 이를 참지 못하고 학교로 달려와 담임교사에게 폭력을 행사했습니다.

누구의 잘잘못에 대한 논의는 의미가 없습니다. 상황과 이해에 따라 해석이 달라질 수 있으니까요. 분명한 것은 겨우 글을 읽을 수 있는 아이에게 무리하게 반성문을 쓰게 했다는 것과 폭력사태가 벌어졌다는 사실입니다.

아이에게 가해진 담임교사의 처치는 아이의 능력을 고려하지 않은 폭력에 가까운 행동이라고 할 수 있습니다. 아이가 반성문을 쓴다고 달라질 상황도 아닙니다. 공감이 형성되지 않은 벌은 전혀 효과가 없기 때문이지요.

권위에 대한 도전은 어른들의 반응을 살피기 위한 것이기도 하며 사회체제에 걸쳐 있는 권위에 대한 시험이기도 하다. 교육자로서 이러한 현상을 이해하지 않으면 안 된다.

●크리스토퍼 크라우더 · 마틴로슨. 아이들이 꿈꾸는 학교

우리는 아이가 자라서 만나게 될 세상이 어떤 것이며, 그들의 미래를 알지 못한다. 기술이 발달하는 속도가 빨라지는 것을 보면, 미래가 어떠할지 상상조차 하기 힘들다. 우리가 아이에게 전해 주는 미래는 쓸모없을지도 모른다. 미래 세대를 우리와 똑같은 시각과 능력을 가진 복제품으로 만들려는 시도가 얼마나 무의미하고 위험한지 알아야 한다.

●크리스토퍼 크라우더 · 마틴 로슨. 위의 책

아이를 교사나 부모의 구미에 맞추어 키우려는 생각은 이제 멈추어야 합니다. 아이는 미래에 거주하기 때문입니다. 미래는 아무도 예측할 수 없습니다.

기이하고 기이하구나. 여래의 구족한 지혜가 그대들 몸 속에 있건만 어찌하여 보지 못하는가. 내 마땅히 저들 중생을 가르쳐 성스러운 길을 깨달아서, 그들로 하여금 뒤바뀐 망상과 속박을 길이 여의게 하고, 여래의 지혜가 그 몸 속에 있어서 부처와 더불어 다름이 없는 것을 두루 보게 하리라.

●화엄경

기이하고 기이한 생명, 여래의 지혜를 두루 갖추었다는 이 선언, 이것은 인류 최초로 무한한 창조성과 존엄성을 선포한 위대

한 말씀입니다. 따지고 보면 교육학의 기본원리는 이 선언에 기초를 두고 있다고 해도 과언이 아닙니다. 교육이 무엇입니까? 나와 상대의 관계성 속에 먼저 나를 바꾸고 상대를 바꾸고자 하는 것 아닙니까?

그러기에 모든 교육은 이런 불성佛性의 가르침에 기초를 두어야 합니다. 그렇지 않으면 실패하고 맙니다.

예컨대 '너는 어쩌면 그리 바보 같니. 어찌 매양 그 모양 그 꼴이니?' 하는 마음으로 아이를 바라본다면 곧 실패하고 만다는 뜻입니다.

'너야말로 부처님이야. 우주를 쥐락펴락 할 수 있는 위대한 불성을 지닌 주인공이지. 너는 무한능력자야. 사회에서 꼭 필요한 사람이지.'

이렇게 아이를 인정할 때라야 교육은 성공한다는 뜻입니다.

부처님은 이를 꿰뚫어 보셨습니다. 그리고는 모두가 불성생명佛性生命, 다시 말해 부처님생명을 살고 있음을 일러 주셨고 깨우쳐 주셨습니다. 이는 수천 년 전 계급사회의 권위를 부정하고 만민평등을 외치신 그 밑바탕에 깔린 '일체중생 실유불성一切衆生 悉有佛性, 일체 중생이 모두 부처님생명을 살고 있다'는 깨침에 터하고 있습니다.

이 말씀을 그냥 흘려 버리지 마세요. 이 말씀은 인간 존엄에 대한 위대한 선언이며 생명사상의 극치입니다. 나아가 교육의 근본이 되고 원류가 되는 가르침입니다. 인류가 부처님을 위대한 스승이고 교육자라고 찬탄하는 이유가 여기에 있습니다.

어떤 교사가 부임한 학교의 장부를 훑어 보았다. 그랬더니 기록한 점수가 대부분 90점 이상이고 더러는 80점대도 있었다. 그래서 자기가 담임한 반의 아이들은 모두 공부를 잘하는 학생들이거니 믿고 열심히 가르치기 시작했다. 학생들이 공부를 잘 못하더라도 그것은 학생들이 머리가 나빠서 그런 것이 아니라 어쩌다 실수를 하였거니 생각했다. 한 학기를 마치고 다른 반과 비교해 보았더니 월등히 성적이 높았다.

그런데 나중에 알고 보니 그 교사가 본 숫자는 성적이 아니라 지능지수(IQ)였다. 실제는 그 반 학생들의 지능은 다른 반보다 낮은 편이었다.

●홍웅선. 전인교육의 이념

자신의 한 생각이 먼저 나를 바꾸고, 남을 바꾸며, 세상을 바꿉니다. 위의 교사는 절대긍정의 눈으로 아이들을 보았습니다. 피그말리온 효과라고도 할 수 있는 이 교단 일기는 마음을 떠난 객관의 세계가 존재하지 않는다는 불교의 유심사상唯心思想과 상통합니다.

Part 3

사람 만들기

우리는 한 순간 한 순간을 무의미하게 살아서는 안 됩니다. 산다는 것이 얼마나 치열하고 힘든 일입니까? 내 아이만을 고집하는 마음은 부처님 마음이 아닙니다. 교육사상가 파울로 프레이리Paulo Freire는 말했습니다.

"꽃으로도 때리지 마라."

이 말에는 '아이를 꽃으로 바라보아라. 아이를 보면 천사처럼 대하라. 모든 아이를 내 아이처럼 안아 주어라'라는 속뜻이 담겨 있습니다.

이것이 성자의 마음이고 부처님의 마음입니다.

교육의 시작, 베풀기 · 나누기

> 냉장고에 먹을 것이 있고, 몸에는 옷을 걸쳤고, 머리 위에는 지붕이 있는데다, 또 편히 잠 잘 곳이 있는 사람이라면 당신은 이 세상 75%의 사람보다 더 잘살고 있는 것입니다.
>
> ● 김혜자. 꽃으로도 때리지 마라

오늘날 우리 사회는 굉장히 풍요로워졌습니다. 먹을 것, 입을 것이 없어 고생하는 사람은 거의 없습니다. 내가 사는 아파트 단지에서도 입을 만한 옷들이 일주일에 한 박스씩 내다 버려집니다. 어디 이뿐입니까? 멀쩡한 컴퓨터가 버려지고 책상이 버려지고 가구나 전자제품이 버려집니다. 음식물쓰레기통엔 보기 민망할 정도로 고영양가 음식이 마구 버려집니다.

나의 어릴 적과 비교하면 상상을 초월하는 일들입니다. 전혀 딴 세상입니다. 나의 어머니는 우리 형제자매들의 양말과 옷가지를 늘 기워 주셨습니다. 음식물을 버린다는 것은 상상조차 할 수 없었고, 고무신이 찢어지면 실로 꿰매거나 장에 가서 땜질해 신었고, 웬만한 옷은 대물림으로 다 해질 때까지 입었습니다.

이런 이야기는 지금의 아이들에게 전혀 호응을 얻지 못할 것입니다. 그렇지만 근검절약 교육을 소홀히 할 수는 없습니다. 근검절약 속에서 풍요를 만끽할 수 있는 지혜가 싹 트는 법이니까요.

풍요의 만끽이 무엇입니까? 나누는 것이지요. 나누어서 기쁨을 얻고 행복을 누리는 것입니다. 혹자는 생각합니다. '가진 것이 없는데 어떻게 나누냐고?' 그러나 진정한 나눔은 많이 가진 다음 나누는 것이 아니라, 지금 있는 것에서 나누는 것입니다.

자비탁발. 손에 들린 것은 발우 하나. 서남아시아의 지진해일로 수십만 명이 목숨을 잃어 이를 돕기 위한 일로 행한 탁발이다.

스님들이 앞장서고 행자들이 뒤를 따른다. 눈발이 날리고 바람이 세차 옷깃을 세웠지만 귓불이 떨어져 나갈 듯 시리다. 가슴에 발우를 받쳐 들고 "석가모니불!" 정근을 하며 걷는다. 질서정연하게 탁발을 한다. 모두가 진지하여 여법하고 대열은 장엄하다.

그러나 호응은 냉담했다. 남의 일 보듯 지나쳤다. 몇 시간 동안 거리를 누볐어도 발우에는 단 한 푼도 들어오지 않았다. 텅 빈 발우를 보자 그동안 인색하게 살아 온 자신을 들킨 것 같아 부끄러웠다. 부처님께서 왜 나누기를 모든 일 중에서 제일 우위에 두셨는지 절실하게 느꼈다.

●민병직. 산사에서 마음을 보다

나누기(보시바라밀다)는 6바라밀다 중의 첫째입니다. 6바라밀다는 불교의 수행덕목으로 중요시되는 수행법인데, 그 첫째가 보시바라밀다로 자신이 가진 것을 아낌없이 베풀어 주는 것을 말합니다. 베풀되 베풀었다는 생각조차 없이 베푸는 것이 진정한 보시바라밀다입니다. 『금강경』에서 누누이 강조되는 말씀입니다.

요즈음 자라나는 아이들을 보면 정말 타산적입니다. 자신의 이익을 위해서라면 남의 생명가치는 안중에도 없는 경우가 허다합니다. 자신이나 남이나 사물에 대해 깊이 생각하지 않는 것이지요. 교단에서 바라보면 부모들도 아이들과 마찬가지입니다. 오직 자기 자녀만을 고집합니다.

내 자녀가 소중하듯이 남의 자녀도 소중한 것입니다. 그러기에 남과 더불어 살아가는 넉넉한 마음이 필요합니다. 남과 더불어 살고 남의 아픔을 내 아픔으로 받아들이는 동체대비의 불교 수행을 통해 우리는 세상과 하나가 될 수 있습니다.

일차적으로 보면 보시布施(베풂)는 잃는 것처럼 보이지만 더 큰 눈으로 보면 얻는 것입니다. 세상을 온전히 얻는 것입니다. 검은 대륙 아프리카로 건너가 자신의 전 생애를 바쳤던 흑인의 아버지 슈바이처Albert Schweitzer 박사도 자신을 던짐으로써 인류의 귀감이 되었고 노벨평화상을 수상했습니다. 인도 빈민의 성녀 테레사Agnes Gonxha Bojaxhiu 수녀도, 평생을 바보 의사라는 별명을 달고 살았던 장기려 박사도 자신을 버림으로써 온전히 얻었습니다.

자녀교육의 성공비결은 바로 이것입니다. 베풀 줄 모르는 사람은 비록 세간적인 명리를 얻더라도 결코 성공한 것이 아닙니다. 왜? 인색한 사람에겐 사람이 따르지 않기 때문입니다. 자기중심적인 사람에겐 객관의 세계, 아름다운 세상이 잘 보이지 않기 때문입니다.

차 안에서 자리를 양보를 할 줄 모르는 젊은이는 늙어서 제대로 대접받지 못합니다. 스스로 자리를 양보받을 자격을 쌓지 않았기 때문입니다. 두 다리에 힘이 있을 때 자리를 양보하는 것은 자신이 늙었을 때 젊은이로부터 자리를 양보받기 위한 저축이 될 수 있습니다. 그러므로 베풂은 곧 인생의 길에서 제일 먼저 내딛는 걸음입니다.

> 세 살쯤 된 남자아이가 아주 많은 말을 하는 눈빛으로 나를 쳐다봅니다. 이 아이 역시 헛배가 불룩합니다. 카메라를 대면 눈을 내리깔고 비키면 또 다시 나를 향해 무엇인가를 말합니다. 눈물을 글썽이며 무엇인가를 열심히 호소하는데, 나는 그만 바보나 다를 바 없었습니다. 그래서 구석진 곳으로 데리고 가 안아 주자, 아이의 눈과 내 눈이 하나가 되면서 아이는 모기 같은 소리로 "Give me eat!" 하고 말했습니다.
>
> 아, 잊을 수가 없습니다. 그 어린 것의 그 간절한 눈동자를! 나는 '전쟁은 안 된다. 어떤 이유로도 전쟁은 안 된다. 꽃으로도 아이를 때려선 안 된다'고 중얼거리며 잠이 들었습니다. ●김혜자. 앞의 책

10년이 넘도록 세계의 빈민촌을 오가며 민간대사 역할을 해

온 탤런트 겸 배우 김혜자 씨, 그녀는 다음과 같이 서원하고 있습니다.

"한 명의 아이라도 더 껴안아 주자."

이 마음이 인간의 마음입니다. 먹을 것 나눠 먹는 것, 입을 것 나눠 입는 것. 이 마음이 진정한 인간의 마음인 불심佛心입니다.

'이 세상이 불심으로 가득 찬 그 날은 언제일까요?'

나는 당장 오늘이어야 한다고 생각합니다. 자녀의 가슴에 베풂의 불빛 하나 피우게 될 날을 내일로 잡으면 안 됩니다. 인간에겐 내일이 없고 다음이 없습니다.

오로지 현재.

'지금, 여기now here'만이 있습니다.

부모는 물론 평생을 교육에 투신한 선생님들도 교육의 중요성을 말하라고 하면 이구동성으로 말합니다.

"공부보다 더 중요한 것은 사람이 되는 것입니다."

그렇습니다. 공부를 잘한다고 사회에 공헌하는 것도 아니고 행복한 삶을 사는 것도 아니지요. 행복은 부자가 되는 것에 있는 것이 아니라 베푸는 데 있는 것이기 때문이지요.

다음은 어느 한 신문기자가 소말리아의 비극을 취재하다가 겪은 체험담입니다.

기자 일행이 소말리아의 수도 모가디슈에 있을 때의 일입니다. 그때는 기근이 극심한 때였습니다. 기자가 한 마을에 들어갔을 때,

마을 사람들은 모두 죽어 있었습니다. 그 기자는 죽음 속에서 한 작은 소년을 발견했습니다. 소년은 온몸이 벌레에 물려 있었고, 영양실조로 배가 불룩했습니다. 머리카락은 빨갛게 변해 있었으며, 피부는 백 살이나 된 사람처럼 보였습니다. 마침 일행 중의 한 사진기자가 과일 하나를 갖고 있어서 소년에게 주었습니다. 그러나 소년은 너무 허약해서 그것을 들고 있을 힘이 없었습니다.

기자는 그것을 반으로 잘라서 소년에게 주었습니다. 소년은 그것을 받아들고는 고맙다는 눈짓을 하더니 마을을 향해 힘들게 걸어갔습니다. 기자 일행이 소년의 뒤를 따라갔지만, 소년은 그것을 의식하지 못했습니다. 소년이 마을에 들어섰을 때, 이미 죽은 것처럼 보이는 작은 아이가 땅바닥에 누워 있었습니다. 아이의 눈은 완전히 감겨 있었습니다. 이 작은 아이는 소년의 동생이었습니다.

형은 자신의 동생 곁에 무릎을 꿇더니 손에 쥐고 있던 과일을 한 입 베어서는 그것을 씹었습니다. 그리고는 동생의 입을 벌리고 그것을 입 안에 넣어 주었습니다. 그리고는 자기 동생의 턱을 잡고 입을 벌렸다 오므렸다 하여 동생이 씹도록 도와주었습니다. 기자 일행은 그 소년이 자기 동생을 위해 보름 동안이나 그렇게 해온 것을 나중에야 알게 되었습니다. 며칠 뒤 결국 그 소년은 영양실조로 죽었습니다. 그러나 소년의 동생은 끝내 살아남았습니다.

●김혜자, 꽃으로도 때리지 마라

이들 형제의 모습을 보면서 나는 인간의 본질, 존재가치를 다시 깨닫습니다. 자신이 죽어가면서까지 동생을 보살피는 저 어린 소년의 모습에서 한없는 연민을 느낍니다. 눈물이 쏟아질 만큼 아픈 연민을 느낍니다.

　우리 한국의 아이들은 정말 풍족하게 삽니다. 학교 급식 시간에 어떤 아이는 파리가 앉았다고 신경질을 부리며 밥을 먹지 않는 것을 보았습니다.
　이런 아이에게 아프리카의 아이가 보일 리 없습니다. 어른들에게도 보이지 않으니까 아이에게는 당연지사겠죠. 저 영양실조로 죽어 가는 생명이 내 생명과 다르지 않다는 생명의 평등성을 어른도 아이도 보지 못합니다.
　우리 사회는 눈뜨고도 앞을 잘 보지 못하는 당달봉사들이 모여 사는 곳인지도 모릅니다.

<blockquote>
　여섯 살쯤 된 남자아이가 두 살쯤 된 동생을 업고 서 있습니다. 업힌 아이는 여자아이 같습니다. 몸은 너무 더럽지만, 인형처럼 예쁜 것으로 봐서 여자아이 같습니다. 등에서 떨어질까 봐 깡마른 갈퀴 같은 손으로 뼈만 남은 오빠의 어깨를 움켜쥐고 있습니다. 부모가 이번 내전에 다 죽은 아이들입니다. 소말리아에서.

● 김혜자. 앞의 책
</blockquote>

　전쟁으로 부모를 잃고 험한 세상을 살아야 하는 그 아이들을 바라보며 베풀어야겠단 생각이 일지 않는다면 사람이 아닐 겁니다. 그리고 그런 사람은 교육의 첫 단추가 잘못 꿰어진 대표적인 경우일 겁니다. 첫 단추가 잘못 꿰어지면 내리 잘못 되고 마는 것입니다.

학교에서 종종 불우이웃돕기 행사를 합니다. 많은 아이들이 기꺼이 동참을 하지만 그렇지 않은 아이들도 많습니다.

나는 학교의 큰 행사에 동참하는 부모들에게 묻습니다.

"당신의 자녀를 베푸는 사람으로 키우고 싶습니까? 인색한 사람으로 키우고 싶습니까?"

부모들은 똑같이 이렇게 대답합니다.

"베푸는 사람으로 키우고 싶어요."

그러면 나는 부모들에게 다시 이렇게 말합니다.

"그러면 먼저 부모가 베푸십시오. 부모가 인색하면 아이도 인색해집니다."

자신의 의지와는 상관없이 왜 죽어야 하는지도 모르고 가난과 굶주림 때문에 숨져 가는 아이들을 바라보면서 나는 정말로 신이 존재하는가에 대해 의심했습니다. 정말 신이 사랑이라면 어떻게 이런 일이 일어날 수 있을까 고개를 젓곤 했습니다. 아프리카의 갈라질 대로 갈라진 붉은 도로를 바라보며 내가 그런 의문을 던지자 어떤 목사님은 말했습니다.

"이 모두가 하나님의 뜻입니다. 그 분의 뜻을 인간인 우리는 다 알 수 없습니다."

그 말을 들으면서 나는 생각했습니다.

'목사님은 참 좋겠다. 그렇게 간단히 이해할 수 있으니까.'

● 김혜자, 앞의 책

부처님 당시 유마거사가 병이 났습니다. 부처님이 문수보살에게 병문안을 다녀오게 했습니다.

이것이 진실한 인간의 마음입니다. 진실한 인간인 보살은 중생이 앓기에 병이 납니다. 그리고 중생의 병이 다 나아야 병이 낫습니다.

이런 마음이 인간 본성인 불심입니다. 너와 내가 한 몸이기 때문입니다. 동체대비同體大悲가 부처님 마음입니다.

삶의 모습이 다르고 생김은 다르지만 결국 인류는 하나의 거대한 생명입니다. 그러기에 김혜자는 소말리아 아이들의 아픔을 자신의 아픔으로, 자신의 고통으로 느껴 서원을 세우고 있습니다. 죽을 때까지 그들을 껴안아야겠다고.

우리는 한 순간 한 순간을 무의미하게 살아서는 안 됩니다. 산다는 것이 얼마나 치열하고 힘든 일입니까? 내 아이만을 고집하는 마음은 진실한 인간의 마음이 아닙니다.

"꽃으로도 때리지 마라."

교육사상가 파울로 프레이리Paulo Freire의 말입니다. 이 말은 '아이를 꽃으로 바라보아라. 아이를 보면 천사처럼 대하라. 모든 아이를 내 아이처럼 안아 주어라'라는 속뜻이 담겨 있습니다.
그렇습니다. 진실한 인간의 마음을 갖고 있는 사람은 아이를 꽃으로도 때릴 수 없습니다.

> 외교관 시절, 방 청소를 하는 아주머니나 운전기사들에게도 늘 고맙다는 인사를 잊지 않았다. 지위고하를 막론하고 따뜻하게 대하는 마음은 주변 사람들에게 좋은 인품을 가진 사람이라는 이미지를 심어 주었다. 인간 반기문의 진정한 매력은 언제나 한결같은 친절하고 따뜻한 마음이다.
>
> ●신웅진. 바보처럼 공부하고 천재처럼 꿈 꿔라

유엔사무총장 반기문, 반기문에게는 훌륭한 어머니가 있었습니다. 어머니는 문둥병에 걸린 남편의 친구가 찾아왔을 때 기꺼이 반기문 형제가 쓰는 사랑방을 내주었습니다. 진실한 인간이 아니면 불가능한 일입니다. 진실한 인간의 마음인 불심佛心이 불구자가 된 문둥병 환자에게 몇 달 동안이나 방을 내주게 한 것입니다.

아들에게 못이 박히도록 덕을 베풀고 살라고 주문하는 어머니. 이 어머니가 가진 재산은 진실한 마음인 불심뿐이었습니다.

지금도 반기문의 어머니는 매일 새벽 3시면 일어나 불경을 읽고 염불을 하며 세상의 평화를 위해 기도하고 있다고 앞의 책은 전합니다.

아이들은 부모의 마음가짐에 따라 진로가 달라집니다. 부모가 인색하면 아이도 인색하고 부모가 비윤리적이면 아이도 비윤리적으로 성장합니다. 그래서 부모는 늘 아이에게 모범을 보이지 않으면 안 됩니다. 인생의 진정한 선배나 선생님은 부모이기 때문입니다.

어느 날 부처님께서 기사굴산에서 죽림정사竹林精舍로 내려오시다가 길에 떨어진 묵은 종이를 보시곤 제자를 시켜 그것을 줍게 하셨다. 그리고 그것이 어떤 종이인지 물으셨다. 제자는 대답하였다.

"이것은 향을 싸던 종이입니다. 향기가 아직 남아 있는 것으로 그것을 알 수 있습니다."

부처님은 다시 나아가다가 길에 떨어져 있는 새끼줄을 보고 그것을 줍게 하여 그것이 어떤 새끼줄인지 물으셨다. 제자는 다시 대답하였다

"이것은 생선을 꿰었던 새끼줄입니다. 비린내가 아직 남아 있는 것으로 그것을 알 수 있습니다."

부처님께서는 이렇게 말씀하셨다.

"사람은 원래 깨끗하지만 모두 인연을 따라 죄와 복을 짓고 부르는 것이다. 어진 이를 가까이 하면 곧 도덕과 의리가 높아 가고, 어리석은 이를 친구로 하면 곧 재앙과 죄가 이르는 것이다. 저 종이

만약 당신에게 '향내 나는 부모가 되고 싶은가, 비린내 나는 부모가 되고 싶은가'를 묻는다면 어느 쪽을 택하겠습니까?

당연히 그윽한 향기를 풍기는 부모가 되겠다고 대답하겠지요. 부모에게서 향내가 나야 아이에게도 향기가 날 수 있습니다. 부모가 폭력적이면 아이도 폭력적인 아이로 자랍니다. 실제 연구 결과에 따르면 가정에서 폭력을 겪은 아이는 폭력 어른이 될 가능성이 매우 높다고 합니다.

교육은 적기에 해야 합니다. 유아교육은 유아 시기에, 초등교육은 초등 시절에 해야 합니다. 농작물도 작물에 따라 파종 시기가 달라 며칠만 때를 놓쳐도 그 농사는 망치고 맙니다. 수확을 하루만 늦추어도 결실의 피해가 눈덩이로 커지기도 합니다. 자식농사란 말이 있듯이 교육은 농사일과 같습니다. 열심히 제때 하지 못한다면 실패할 가능성이 높습니다.

사람다운 행동을 하는 것은 뇌의 전두엽frontal lobe에서 담당하는 것으로 알려져 있습니다. 어릴 때 전두엽에 문제가 생기면 아이는 막무가내식의 삶을 살아갑니다. 도덕적 규범을 무시하고, 사람까지 해하는 일을 저지르기도 합니다. 그러나 성장한 뒤에 전두엽에 문제가 생기면 다소 상식에 어긋난 행동을 할지언정 타인에게 폐해를 주지는 않습니다. 이 차이는 어릴 적 전두엽을 통해 행동이 생활화되었기 때문입니다. 그래서 교육학자들은 반드시 열 살 전, 그러니까 초등학교 시절까지는 어떤 일이 있더라도 사람이 되는 교육을 해야 한다고 강조하고 있습니다.

영어나 수학은 나이가 들어도 기초를 다지며 공부할 수 있습니다. 그러나 전두엽 손상으로 인한 문제행동의 교정은 교육을 통한다 하더라도 성공 가능성은 낮다고 합니다.

사람을 만드는 일이 이렇게 중요하건만 오늘날의 부모들은 사람을 만드는 일보다 영어 단어 하나 더 외우는 것을 더욱 가치 있게 생각합니다.

나쁜 버릇을 제때 바로잡지 못하면 아이의 인생은 불행질 수밖에 없다. 집에서든 밖에서든 제 뜻대로만 하려고 하다가 친구도 없고 선생님 사랑도 못 받는 외톨이가 되고 만다. 그러다 보면 어느 순간 당신의 사랑스런 아이가 다른 사람들과 어울려 살 수 없는 괴물이 되어 있을지도 모른다.　　●문용린. 열 살 전에 사람됨을 가르쳐라

신생아도 사람을 만드는 교육에 동참시킬 수 있습니다. 신생아실에서 한 아이가 울면 다른 아이들이 따라 우는 것을 목격하게 되는데 이는 타인의 고통을 같이 나누고자 하는 공감 때문이라고 합니다.

언젠가 내가 어린 아이 앞에서 우는 시늉을 했더니 그 아이가 아장아장 걸어와 내 등을 토닥여 주더군요. 당신이 울면 자신의

마음도 아프니 울지 말라는 메시지였겠지요.

이렇게 어린 아이들도 본능적으로 고통을 공감하고 함께 나누려는 마음이 있습니다. 이 마음을 개발시키는 일, 사람으로 만드는 일은 온전히 어른들과 부모의 몫입니다.

해가 저문 어느 날, 오막살이 토굴에 홀로 사는 노스님(老僧) 앞에 더벅머리 학생이 찾아왔다. 아버지가 써 준 편지를 꺼내 놓으면서도 사뭇 불안한 표정이었다.

사연인즉, 이 망나니 같은 아들을 학교에서고 집에서고 더 이상 손댈 수 없으니, 노스님이 알아서 사람 좀 만들어 달라는 것이었다. 물론 노스님과 그의 아버지는 친분이 있는 사이였다.

편지를 보고 난 노스님은 아무런 말도 없이 몸소 부엌으로 가 늦은 저녁을 지어 왔다. 저녁을 배불리 먹인 뒤 발 씻으라고 더운 물을 대야에 가득 떠다 주는 것이었다. 이때 더벅머리의 눈에서는 주르륵 눈물이 흘러내렸다. 알 수 없는 눈물이었다.

더벅머리는 아까부터 훈계가 있으리라 각오하고 있었지만 노스님은 한마디 말도 없었다. 따뜻하게 더벅머리의 시중만을 들어 주었다. 그동안 세상의 온갖 좋은 말을 다 들어 왔던 더벅머리에게 잔소리 대신 처음으로 사람 대접을 해 주는 것이었다. 더벅머리는 크게 감동했다. 훈계라면 진저리가 났을 것이다. 만나는 사람마다 퍼부어댔을 훈계에 주눅이 들어 있던 더벅머리에게는 백천 마디의 말보다 따뜻한 손길이 그리웠던 것이다.

이제는 가 버리고 안 계신 한 노사老師로부터 들은 이야기다. 내게는 생생하게 살아 있는 노사의 상이다.

산에서 살아보면 누구나 다 아는 말이지만, 겨울철이면 나무들이 많이 꺾이고 만다. 모진 비바람에도 끄덕 않던 아름드리 나무들이, 꿋꿋하게 고집스럽기만 하던 그 소나무들이 눈이 내려 덮이면 꺾이게 된다. 가지 끝에 사뿐사뿐 내려 쌓이는 그 하얀 눈에 꺾이고 마는 것이다. 깊은 밤, 이 골짝 저 골짝에서 나무들이 꺾이는 메아리가 울려올 때, 잠을 이룰 수가 없다. 정정한 나무들이 부드러운 것에 넘어지는 그 의미 때문일까. 산은 한겨울이 지나고 나면 앓고 난 사람 얼굴처럼 수척하다.

사밧티의 온 시민들을 공포에 떨게 하던 살인귀 앙굴리마라를 귀의시킨 것은 부처님의 불가사의한 신통력이 아니었다. 위엄도 권위도 아니었다. 그것은 오로지 자비였다. 아무리 흉악무도한 살인마라 할지라도 차별 없는 훈훈한 사랑 앞에서는 돌아오지 않을 수 없었던 것이다.

바닷가의 조약돌을 그토록 둥글고 예쁘게 만든 것은 무쇠로 된 정이 아니라, 부드럽게 쓰다듬는 물결인 것을⋯⋯.

수필 〈설해목雪害木〉은 사실적인 이야기에 기반을 두었기에 더욱 감동적입니다. 만약 더벅머리에게 훈계나 설교, 비난을 하였다면 어떻게 되었을까요? 아마도 또 한 번 진저리를 쳤을 것이고 그는 이 세상 어디에도 마음 붙일 곳이 없었을지도 모릅니다.

그의 부모는 세상의 모든 과정을 다 거치고 마지막으로 노스님에게 보냈을 겁니다. 참 다행스럽게도 그 노스님은 더벅머리가 사람이 되게 하는 방법을 말이 아닌 행동으로 보여 주었습니다. 여기서 더벅머리는 눈물을 쏟고 말았습니다. 이 세상의 그 어떤 좋은 말 앞에서도 냉담하고 냉소적이기만 했던 그를 울게 만든 것이 노스님의 평범한 행이었습니다. 그저 사람 대접 해 주는 노스님의 일상이었습니다.

이 이야기를 자세히 살펴보면 시점視點이 더벅머리 학생과 노스님에서 설해목으로 가고, 다시 바닷가의 조약돌로 옮겨 갑니다. 학생, 설해목, 조약돌, 이 모두가 부드러운 것에 영향을 받았습니다. 학생은 강한 가르침이 아니라 노스님의 부드러운 행에서, 나무는 연약한 눈에 의해, 조약돌은 부드러운 물결에 영향을 받았습니다.

아이는 엄마와 함께 지하철을 탔습니다. 엄마와 앉아 가는 도중 어떤 할아버지가 탔습니다. 아이는 할아버지에게 자리를 양보하기 위해 발딱 일어났습니다. "순아, 얼마나 멀리 갈 건데. 앉아!" 엄마의 말에 아이는 엄마의 눈치를 보다가 다시 자리에 앉았고, 할아버지는 머쓱한 표정을 짓더니 다른 곳으로 옮겨 갔습니다.

아마도 이 아이의 엄마는 평소 아이에게 양보하는 사람이 되라고 가르쳤을 것입니다. 그러나 실제 상황이 다가오자 그만 다르게 행동했습니다. 그 결과 아이는 가치관의 혼란을 겪었을 것입니다.

교육은 말이 아니라 행동으로 보여 주는 것입니다. 부모가 자신은 책 한 쪽 읽지 않으면서 아이에게 책 읽으라고 강요한다거나, 자신은 신호등을 지키지 않으면서 아이에게 신호등을 지키라고 요구하면 아이는 혼란스럽기만 합니다. 술 먹는 아버지가 아이에게 술 먹지 말라고 주문하는 것은 전혀 무의미합니다.

종종 매스컴을 통해 사회적인 물의를 빚는 뉴스를 접합니다. 그럴 때마다 사람들은 분개하며 성토합니다. 그러면서도 자기 아이가 남을 짓누르고 한 단계 올라가는 것쯤은 너그럽게 용납합니다. 자녀교육의 아이러니입니다.

교육은 말로만 가르치는 것이 아니라 노스님처럼 행동으로 하는 것입니다. 가정은 학교이고 부모는 가장 직접적인 선생님입니다. 부모의 일거수일투족은 아이에게 그대로 투사投射, projection되고 있음을 명심할 일입니다.

아이는 듣고 배우는 것이 아니고, 보고 배웁니다.

부처님은 앉고, 눕고, 오고감에 행동거지가 발라야 한다고 말
씀합니다. 그래야 해야 할 행동과 말, 하지 말아야 할 행동과 말
을 올바르게 할 수 있다는 것입니다. 이것이 진실인간이 지향하
는 행원行願입니다. 행원에는 목적이 없고 바람이 없습니다. 모든
것을 부처님께 내맡기고 실천만 할 뿐입니다. '아이가 잘될까?
이 일이 혹시 실패하는 것은 아닐까? 성공은 할까?' 이런 잡다한
생각을 접어 두는 것이 진정한 교육이며 행원입니다.

허공계가 다하고 중생계가 다하더라도 행원은 다함이 없어야
합니다. 부모가 먼저 흔들리지 않는 평온한 마음으로 자신을 성
찰하며 모범을 보여 주는 데서 아이는 사뭇 성장합니다.

Part 4

긍정의 힘

지능의 우열이 교육의 성패나 인생의 방향을 가늠하지 않습니다. 자녀교육
에 대한 성공의 비결은 부모가 아이의 천재성을 인정하고 믿는 데서 출발합
니다.

디자이너와 작가님

엄마는 딸 원경이를 '디자이너'라고 부릅니다. 이렇게 부르는데는 이유가 있습니다. 원경이가 엄마의 휴대폰에 자신의 이름을 '디자이너'라고 저장해 놓았습니다. 이후부터 전화가 걸려오면 엄마는 늘 "오, 디자이너구나!" 하고 말을 시작합니다.

초등학교 2학년인 채연이. 담임선생님은 채연이에게 늘 "작가님"이라고 부릅니다. 채연이는 수시로 글을 써서 선생님에게 보여 주고 이를 본 선생님은 칭찬을 아끼지 않습니다. 채연이는 다른 아이들이 일기를 반쪽을 쓰면 한 쪽을 썼고, 한 쪽을 쓰면 두 쪽을 썼습니다. 어느 날인가는 여섯 쪽 분량의 일기를 써서 선생님께 칭찬을 받기도 했습니다.

원경이는 어느 새 대학생이 되었습니다. 자신의 소원대로 '디자이너'가 되기 위해 열심히 공부합니다. 장학금을 받아 부모님의 힘도 덜어 주었습니다. 어쩌다 학교 이야기를 하면 신이 나 이야기꽃을 피웠고, 졸업 이후의 진로를 준비하며 들뜨곤 합니다.

원경이의 어릴 적 모습은 지금의 축소판이었습니다. 국어나 수학을 공부하는 것보다 그림을 그리거나 공작을 하는 데 더 많은 시간을 들였습니다. 욕실 벽면에까지 자신의 작품으로 장식할 정도였으니까요. 그러니까 인문 분야의 공부보다는 디자이너가 되기 위한 준비를 어릴 적부터 혼자서 해낸 셈입니다. 초등학교 때 그린 그림과 작품만을 전시해도 교실 몇 칸 정도는 족히 될 분량의 작품을 탄생시켰습니다.

채연이는 성적은 보통이지만 글을 쓸 때는 전심전력을 다합니다. 선생님은 자신이 지은 동화책을 선물로 주었습니다. 그 책을 읽고 난 후 자신도 선생님처럼 작가가 되겠다고 야무진 꿈을 꾸기 시작했습니다.

"선생님, 우리 아이가 선생님처럼 작가가 되겠다고 하는데 가능할까요?"

"그럼요. 채연이처럼 책을 많이 읽고 글쓰기를 좋아하면 되는 겁니다. 직업인의 작가보다는 취미로 작가 생활을 할 수 있도록 뒷받침해 주시고 격려해 주세요."

면담을 마치고 돌아가는 채연이 엄마의 얼굴에 한가득 미소가 머물렀습니다.

선생님은 채연이를 부를 때나 발표시킬 때면 꼭 "작가님!" 하고 부릅니다. 선생님의 부름에 채연이는 작가가 된 것처럼 우쭐했고 반 아이들도 글짓기에 대한 이야기만 나오면 일제히 채연이 쪽을 바라보았습니다. 선생님은 채연이가 쓴 글 하나를 월간

「소년문학」에 투고하여 게재했습니다. 다음은 원고에 대한 평입니다.

> 황채연 어린이는 참 좋겠다. 사랑을 줄 수 있는 '토야' 동생이 있어서. 그 덕분에 이렇게 생동감 있는 산문도 쓸 수 있었겠지. 채연이는 글쓰기를 즐길 줄 아는가 봐. 기억창고에 들어 있는 재미나고 아름답고 또는 속상하는 이야기들을 꺼내서 토야 이야기처럼 자꾸 써 보렴. 멋진 작가가 될 거야. 모든 어린이와 사람들에게 더 좋은 얘기를 들려주려무나.
>
> ● 황채연. 소년문학, 2008년 2월호. 우리 집 토끼 토야는 먹보대장

채연이와 원경이. 이 두 아이의 이야기는 부모의 시각이 어떠해야 하는가를 보여 주는 좋은 예입니다. 심리학과 교육학에서 말하는 피그말리온 효과pygmalion effect와 상당 부분 일치해 있으니까요.

피그말리온이란 그리스 신화에 나오는 조각가의 이름에서 유래한 용어입니다. 조각가였던 피그말리온. 그는 자신이 만든 여인상에 반하게 되어 사랑에 빠집니다. 급기야 피그말리온은 이 여인상이 실제로 살아 있으면 좋겠다고 생각합니다. 이를 지켜본 여신女神 아프로디테Aphrodite는 이들의 사랑에 감동하여 여인상에 생명을 줍니다. 비록 신화이긴 하지만 피그말리온은 자신이 기대한 대로 이루어졌습니다.

이 이야기는 신화이기에 앞서 교육학이나 심리학에서 매우 중

요한 위치를 점합니다. 학자들은 남들이 나에게 무얼 기대하면 그들이 기대하는 쪽으로 변화되어 간다고 주장합니다. 그 중에도 교사와 학생의 사이, 부모와 자녀의 사이는 더욱더 그렇다는 것입니다.

1968년, 하버드대학교 사회심리학과 교수인 로버트 로젠탈Robert Rosenthal과 미국에서 20년 이상 초등학교 교장을 지낸 레노어 제이콥슨Lenore Jacobson이 실험한 사실이 이를 증명해 줍니다. 이 두 학자는 샌프란시스코의 한 초등학교에서 전교생을 대상으로 지능검사를 실시한 후 무작위로 한 반에서 20% 정도의 학생을 뽑아 두 집단으로 만들었습니다. 이 중 한 집단의 아이들을 교사에게 맡기면서 이 집단은 지능이 매우 높아 큰 성과가 있을 것이라는 암시를 줍니다. 8개월 후 실험집단의 경우 지능지수는 물론 학업성취도가 통제집단에 비해 매우 높았습니다.

피그말리온 효과로 정의되는 이 같은 연구는 담임교사나 부모의 기대와 격려가 얼마나 중요한 역할을 하고 있는가를 보여 준 실험입니다. 이 연구의 결과는 교사나 부모가 학생과 자녀에게 어떤 기대를 갖고 교육을 해야 하는지를 말해 주고 있지요.

이 이론은 의학에도 그대로 적용됩니다. 실제로 암에 걸려 반년밖에 살 수 없다고 선고받은 사람들에게 실험한 예가 있는데, 실험에 임한 심리학자들은 의사의 진단은 틀리며 실제 증상은 가벼운 편이라 효과가 큰 새로운 약이 개발되어 그것을 복용하면 고칠 수 있다고 암시를 주었습니다. 그러자 실험집단 환자들의 수명은 증가되었고 암을 극복한 사람들이 늘어났습니다. 이것을 심리적인 용어로 위약僞藥 효과 또는 플라시보 효과placebo effect 라고 부릅니다.

우리는 마땅히 어린 자녀를 디자이너로 바라보는 눈을 가져야 합니다. 어린 자녀를 작가님으로 바라보는 안목을 지녀야 합니다. 아이가 원하는 것이 무엇인지, 그 눈높이에 맞추어 아이를 바라보는 마술사로 자리해 있어야 합니다. 마술사가 되는 첫걸음은 부모가 먼저 모자 속에서 새가 나온다는 것을 믿는 것입니다.

중국 선종의 육조인 혜능스님은 자신이 중생이라고 우기는 사람들을 향해 자신의 본성품인 보리자성이 본래 청정함을 설파했습니다. 중생의 모습은 가짜이고 겉껍데기이며 진짜 모습은 완전한 부처의 광명뿐이라는 것입니다. "아이를 중생의 모습으로 보아선 안 된다. 아이의 자성은 본래청정하다. 그러기에 아이는 부처이다"라는 이 선언은 피그말리온 효과의 원조입니다.

부처님께서 보리수 아래서 깨달음을 이루시고 첫 사자후獅子吼로 하신 말씀입니다. 불교의 시작이면서 끝이라고까지 말하는 이 말씀은 일체중생을 모두 부처님으로 보라는 말씀이지요.

기이하고 기이한 생명, 이 용트림하는 생명을 우리는 그동안 어떻게 대하며 살아왔습니까? 이 지혜덕성이 구족한 생명가치를 우리는 그동안 얼마나 인정하고 살아왔습니까?

이제부터 나 먼저 무한생명의 가치를 살고 있다고 인정할 것입니다. 그러할 때 아이들의 생명가치가 억겁 이전부터 내뿜었던 법성생명의 향기로 피어오를 것입니다.

긍정의 삶으로 바꾸어 놓는다

긍정적인 생각은 인생을 행복하게 만듭니다. 부정적인 시각은 일의 능률을 저해하며 인생을 피곤하게 만들고 자신의 생명가치를 내려깎아 반감시킵니다.

현재의 교단 상황을 보면 대부분 교사들은 아이들을 가르치는 수업 시간 이외에는 거의 잡무 처리로 시간을 보냅니다. 그런 일을 처리하다 보면 피곤도 느끼고 짜증이 나기도 합니다.

몇 해 전 이런저런 잡무에 휘둘리다 늦게 퇴근하던 날, 나는 횡단보도에서 신호를 받고 길을 건너다가 중간쯤 갔을 때 갑자기 한 생각이 떠올라 중얼거렸습니다.

"

“내가 아이들 가르치는 교사이지 사무원인가?”

갑자기 치민 울화에 나도 모르게 온몸이 수축되었습니다. 그 순간 머리가 핑 돌면서 현기증이 일었습니다. 간신히 길을 건너 길가의 전신주를 붙잡고서야 겨우 진정할 수 있었습니다.

집에 와서 방석을 깔고 앉아 ‘이뭣고?’ 화두를 들며 한동안 골똘하게 생각했지요.

‘내가 사무원처럼 일을 한 것이 어디 한두 해인가? 늘 그래왔는데. 그렇다고 그동안 아이들을 소홀히 한 적은 없지 않은가? 아이들을 가르치는 일은 물론이고 내가 하는 모든 일은 국가의 명령 아닌가? 국가의 명령은 국민의 명령이지. 국민의 명령을 거역할 수가 있을까? – 이뭣고?’ 하니, 화두가 더욱 절실하게 들려졌습니다.

선남자, 선여인아. ‘나’란 곧 여래의 씨앗이요, 모든 중생이 다 부처의 성품을 지닌 까닭에 ‘나’라고 하느니라.

그대의 집에 숨은 보배가 있거늘 어찌하여 이렇게 빈궁하고 곤고困苦한가?

● 열반경

생명선언이라 할 만한 이 말씀 속에 함축된 의미가 무엇입니까? 우리는 모두가 불성생명을 갖고 태어난 부처님생명이란 뜻이 아니겠습니까?

“나의 참생명 부처님생명!”

내가 다니는 법회의 법우들은 늘 이렇게 외치며 자신의 생명 위에 부처님의 무한한 가호 위신력이 부어지고 있음을 믿습니다.

그처럼 부처님 무량공덕생명인 저 아이들. 아이들 모두는 거룩한 부처님입니다. 너나 할 것 없이 모두가 최고이지요. 달리기에는 영수가 최고이고, 그리기에는 철수, 독서에는 수진이, 글짓기에는 예진이, 노래 부르는 데는 지영이가 최고입니다. 그들은 단연 으뜸입니다.

미국 하버드대학의 하워드 가드너Howard Gardner 교수는 다중지능이론을 발표하여 이를 증명해 보였습니다. 다중지능이론multiple intelligence theory은 모든 사람들에게 희망을 안겨 준 이론으로 누구나 최고의 생명가치를 갖고 살고 있음을 깨닫게 하는 이론입니다.

다중지능이론이 무엇입니까? 모두가 최고라는 주장 아닙니까. 언어 지능에는 셰익스피어, 음악 지능에는 베토벤, 논리수학 지능에는 아인슈타인, 공간 지능에는 미켈란젤로, 신체운동 지능에는 박지성, 인간친화 지능에는 간디, 자기성찰 지능에는 버지니아 울프, 자연친화 지능에는 아문센이나 엄홍길이 최고입니다. 셰익스피어는 언어 지능엔 천부적 재능을 타고 났을지언정 수학적 지능이나 음악 지능에는 그렇게 능하지 못합니다.

우리들같이 평범한 사람들도 가드너의 이론에 의하면 어느 면에서는 천부적인 지능과 재능을 타고났을 것입니다. 당신의 아이 역시 어느 지능에선가 남이 따라올 수 없는 지능을 가지고 있을 것입니다. 책을 통해 공부하는 지적 능력만이 최고라고 알고 있는 부모에게 가드너는 이들 지능이 "서로 독립적이며 서로 대등한 것"이지 우열이 있는 것이 아니라고 말했습니다.

지능 간의 우열, 이것은 옛날의 케케묵은 사고방식입니다. 우리들은 마땅히 아이들의 다양한 천재성을 인정하고 그들의 생명 가치를 발휘할 수 있도록 이끌어 주고 도와주어야 합니다.

진실한 가르침은 인생의 삶을 긍정적인 삶으로 바꿔 놓습니다. 불교가 밖에서 구하는 미신행각未信行脚을 하지 않은 것도 그 예입니다. 만족이 제일가는 부자라는 부처님 말씀처럼 매사에 긍정적인 삶의 방식은 인생을 풍요롭게 하며 행복을 보장해 줍니다. 그러기에 우리의 삶은 늘 행복 그 자체이고 행복의 근원인 밝음에 안주安住합니다.

"줄넘기를 해 보겠니?"

"노래를 불러 보겠니?"

"친구와 사이좋게 지내는 이유를 발표해 볼래?"

준수는 번번이 반응이 없습니다. 질문을 던지면 몸을 비비 꼬거나 얼굴을 숙입니다. 선생님은 준수의 이런 행동이 어디서 비롯되었을까를 조사해 보았습니다.

보통 가정의 평범한 아이 준수. 외형적으로는 다른 가정의 아이와 구별되는 특이사항은 전혀 없습니다. 경제력도 양호해 두어 곳의 학원엘 다닙니다.

조사의 결론은 엄마가 아이에게 부정적인 언어를 많이 사용한다는 것입니다. 어쩌다 성적이 좀 떨어지면, "역시 그렇지. 네가 잘하는 게 뭐가 있겠니?"라는 식으로 혀를 끌끌 차며 말하기 일쑤고, 어쩌다 조금 말썽을 피우면, "넌 뭐가 되려고 그러니?" 하

며 윽박지르거나, "넌 매양 그 모양 그 꼴이니?"라고 비아냥거리
곤 했습니다.

평범한 가정의 아이, 그러나 준수는 평범함을 넘지 못하고 그
만 무언가를 잃고 있고 세월 속에서 성장하지 못하고 오히려 상
실해 가고 움츠러들어 가고 있습니다. 선생님은 준수가 이렇게
된 것이 엄마의 아이에 대한 부정적인 시각이 원인이라는 것을
알아냈습니다.

심리학자들은 "너는 매양 그 모양 그 꼴이니?"라고 하면 "그
래, 나는 그 모양 그 꼴이야!"라고 하면서 자기비하를 하고 능력
의 한계점을 스스로 그려 버린다는 것입니다.

"멋대로 살아!"라고 말하면 아이는 "그래요, 멋대로 살 거예
요!"라고 응수한다는 것이지요.

아이의 능력을 부모가 한정하게 되면 아이의 능력은 부모의 한
정 속에 머물고 맙니다. 낙인이론Labeling Theorie이라 부르는 이
이론은 교육학에서는 물론 범죄학에도 통용되는 이론입니다. 이
이론은 부모가 어떤 태도로 자녀를 양육하는 것이 좋은가에 대한
해답을 제시합니다.

가령 어떤 사람을 정신병 환자라고 명칭하게 되면 타인들은 그
를 달리 대하게 되고 그 명칭에 부합하도록 대하게 됩니다. 명칭
붙은 사람 역시 자기 지각에 변화를 일으켜 그 명칭에 부합하도
록 행동하게 됩니다. 이렇게 낙인이론은 사람의 운명을 결정지을
정도로 무서운 역할을 합니다. 그러므로 아이를 무능력하게 보아
서는 안 됩니다. 무능력하게 본다면 아이는 거기에 부합하게 행

동합니다. 부모의 말에 맞추어 성장하게 되는 것이지요.

대중가요를 부른 가수들을 보세요. 노랫말이 어두운 사람은 인생을 어둡게 보내고, 이별을 자주 노래한 가수는 끝내 이혼을 하며, 죽음을 즐겨 노래한 사람은 일찍 생을 마감합니다.

이렇듯 몇 마디 노랫말도 그러할진대 부모가 아이들에게 대하는 말은 더할 나위 없습니다. 그러므로 부모는 긍정적인 말만을 골라서 해야 합니다. 물론 생각도 긍정적인 생각을 가져야 합니다. 부정적인 언어, 부정적인 생각 속에서는 대화의 장벽이 막히게 되고 아이에게 나쁜 영향을 끼치게 되기 때문이지요. 결국 아이의 인생을 좌우하는 무서운 일이 되고 맙니다.

아이들은 부모가 사용하는 말을 거침없이 모사하여 사용합니다. 부모가 심한 욕을 하면 욕을 배우게 되고, 불평불만을 하면 불평불만의 태도를 배웁니다. 향을 싸던 종이에는 향내가 배이고 생선을 꿰었던 새끼줄에서는 비린내가 나는 것과 같은 이치입니다.

“부정하는 말은 인생을 어둡게 만든다.”

참으로 만고의 명언입니다. 이제부터 우리는 늘 긍정의 언어를 사용해야겠습니다. 나와 가장 가깝게 인연된 아이에게 부정의 언어를 사용하는 것은 인간의 도리가 아니며, 결국 진리를 등지는 무서운 과보를 초래하는 행위입니다. 모든 생명이 그렇지만 아이는 내 생명을 이어서 자신의 인생을 노래하며 살 진리생명의 주인입니다. 늘 환하고 · 아름다우며 · 멋지고 · 당당한 생명이 아이의 본 모습입니다. 이 엄연한 사실을 마음껏 인정해야하지 않겠습니까?

교육은 모방입니다. 교육은 들려주는 것이라기보다 보여 주는 것이기 때문입니다. 부모가 술주정하면 자녀가 술주정하고, 부모가 불효하면 자식이 불효합니다. 부모가 올곧게 살면 자녀도 올곧게 살고, 부모가 선행을 하면 자녀도 선행을 합니다. 그야말로 선인선과善因善果 · 악인악과惡因惡果이지요. 이 인과因果의 논리는 불자들에게만 적용되는 것이 아닙니다. 누구에게나 공평하고 어김없이 적용되는 보편한 진리이고 타당성을 지닌 영겁의 이치입니다.

자신의 운명은 바깥 세계에 어떤 절대적인 존재가 있어 그에 따라 좌지우지되지 않습니다. 철저히 인과법칙에 의해서만 굴러가는 것입니다. 결코 자신의 운명을 좌지우지하는 신은 없습니다. 절대 자존, 두려움의 어둠이 없는 광명생명이 자리의 본성, 우리의 본 모습이니까요.

말이 씨가 된다는 말이 있듯이 운명의 주체자인 우리는 늘 밝은 사고를 갖고 아이들 앞에 서야 합니다. 부모가 그래야만 아이들은 바라밀다 광명의 횃불을 밝힐 것입니다. 바라밀다의 횃불이 무엇입니까? 생명의 환희, 생명의 약동, 생명의 찬탄이 아닙니까?

긍정의 힘이 천재로 만든다

전기를 발명한 에디슨Thomas Alva Edison은 다음과 같이 회고하고 있습니다.

"어린 시절 선생님은 날 바보라고 했습니다. 결국 나는 학교를 그만두었습니다. 나는 세상이 싫어졌습니다. 하지만 나를 지켜 주는 분이 계셨습니다. 어머니였습니다. 어머니는 나를 믿어 주셨고 용기를 잃지 않도록 늘 격려해 주셨습니다."

천재 물리학자인 아인슈타인Albert Einstein. 아인슈타인은 4살 때까지 말을 제대로 못했고, 수학을 제외한 모든 과목에 낙제점을 받았습니다. 담임선생님마저 아인슈타인은 열등생이며 다른 아이들의 공부를 방해하는 방해꾼이라고 여겼습니다. 그런 아인슈타인에게 어머니는 늘 이렇게 격려했습니다.

"너는 다른 아이들에게는 없는 훌륭한 장점이 있단다. 이 세상에는 너만이 감당할 수 있는 일이 너를 기다리고 있을 거야. 그

길을 찾아가거라. 너는 틀림없이 훌륭한 사람이 될 테니까."

덴마크의 유명한 동화작가 안데르센Hans Christian Andersen. 안데르센은 어렸을 때 글쓰기를 좋아했습니다. 열한 살 때 희곡을 다 쓴 그는 날듯이 기뻐서 너나 할 것 없이 낭독해 들려주었으나 누구 하나 칭찬하는 사람이 없었습니다.

옆집 아주머니는 안데르센의 기분 따위는 아랑곳없이, "난 너의 그 엉터리 같은 얘기를 도저히 들을 수 없어" 하고 퉁명스럽게 대답을 했습니다. 참을 수 없었던 안데르센은 울기 시작했습니다. 그 때 "애야, 이리 오렴" 하고 곱게 핀 꽃밭으로 안데르센을 데려간 어머니는 말했습니다.

"보렴, 예쁘지? 하지만 떡잎도 있단다. 간신히 흙에서 얼굴을 내민 귀여운 쌍 잎. 애야, 너도 이 떡잎과 같단다. 아직 예쁘지는 않지만 이윽고 근사한 꽃이 피어서 모두를 즐겁게 할 거야. 알았지? 그럼 기운을 내서 힘껏 해 보기로 하자."

안데르센의 어머니는 안데르센을 위로하며 어깨를 감싸안아 주었습니다. 〈성냥팔이 소녀〉, 〈인어공주〉, 〈미운오리 새끼〉, 〈백조왕자〉 등이 모두 안데르센의 작품입니다. 어머니의 격려가 안데르센을 세기世紀의 작가로 만든 것이지요.

집안에 어머니가 계심이 가장 큰 부자이고, 어머니가 안 계신 때 가장 가난하다. 어머니가 계실 때는 한낮이지만 안 계실 때는 저녁이다. 또 어머니가 계실 때는 모든 것이 원만하나 안 계실 때는 공허하다.

●심지관경

정체성을 확립하지 못한 아이에게 절대 필요한 한 사람은 아이를 믿어줄 어머니입니다. 어머니가 최고의 교육자이기 때문입니다. 성인 중의 성인이신 부처님도 어머니를 최고로 꼽고 계십니다. 어머니가 집안에 없으면 모든 것이 텅 빈 것처럼 분위기가 바뀌고 공허함이 밀려오니까요. 마음이 공허하게 되면 삶의 의미를 잃게 되고 매사에 용기를 잃게 되니까요.

앞서 플라시보Placebo효과라는 것을 살펴봤습니다. 환자에게 확신을 주고 약을 투여하게 되면 병세가 눈에 띄게 호전된다는 것을 말이지요. 맞습니다. 부모가 아이에게 어떤 믿음을 주느냐에 따라 아이는 천재로 성장할 수도 있고 그 반대일 수도 있습니다. 이것이 긍정의 힘입니다. 그러기에 절대긍정은 아이를 천재로 키우는 요술봉과 같습니다.

개구쟁이 아이를 성공시키는 부모들의 예외 없는 특징은 절대긍정입니다. 절대긍정하는 부모에게는 기적의 에너지가 생성됩니다. 부모가 기대하는 그 이상 아이가 성장하기 때문이지요.

믿음의 힘
습관의 힘 

고향에 갔을 때 팔순의 어머니는 손위 동서가 되는 이웃집 어른신과 이야기를 나누고 계셨습니다. 이웃 어르신은 이야기를 하면서도 자꾸 발가락을 긁으셨어요.

"형님, 발가락이 가려워요? 이것 발라 보셔!"

어머니는 서랍에서 연고를 꺼내 내밀었습니다. 어르신은 실눈을 뜨고 연고를 눈앞으로 가져갔습니다.

"당체 뭐가 보여야지. 그래, 이걸 바르면 괜찮아져?"

"그럼요, 나도 발가락이 가려워 바르니까 낫던데."

어르신은 연고를 발랐습니다.

1시간여 흘렀을까요? 어머니가 물었습니다.

"형님, 좀 어때요?"

"거 참 신기하네. 안 가렵네."

다음 날 아침. 어르신은 일찌감치 우리 집에 오셨습니다.

"동서야, 어제 그 약 좀 주게. 그 약이 신통방통하네."

나는 어머니가 꺼내신 약을 전해 드리기 위해 건네받았습니다. 자세히 살펴보니 안약이었습니다.

긍정적인 믿음이 안약을 무좀약으로 변화시켰습니다. 이는 놀라운 사실이 아닙니다. 믿음의 힘, 그러니까 긍정의 힘은 세상을 바꾸어 놓는 원동력이니까요.

심리학자 스탠리 쿠퍼스미스Stanley Coopersmith는 아이들에게 콩주머니를 주고 목표물을 맞히는 실험을 했습니다. 가까이 있는 것보다 멀리 있는 것을 맞혀야 더 높은 점수를 얻을 수 있음을 설명하고, 어떤 목표물을 맞히고 싶은지, 목표치는 몇 점을 예상하는지 물어 보았습니다. 어떤 아이는 목표를 높게 잡았고, 어떤 아이는 낮게 잡았습니다. 게임 결과, 목표를 높게 잡은 아이가 높은 점수를 받았습니다. 낮게 잡은 아이는 예상 점수에조차 미치지 못했습니다.

높은 점수를 얻을 수 있다는 신념은 자신감과 자존감에 기초하고 있습니다. 자신감이 높은 아이는 자존감이 높고, 자신감이 낮은 아이는 자존감이 낮습니다.

아이의 약점을 잡아 야단을 치면 아이는 자신이 무능하다고 생각하기 쉽습니다. 소극적이고 피동적이며 열등한 생각을 갖게 된다는 것이지요. 자신에 대해 부정적인 이미지를 갖게 되고 자신감을 잃게 된다는 이야기입니다. 그래서 무엇을 성취할 수 있다는 믿음과 신념이 없어집니다.

반대로 칭찬과 격려를 받고 자란 아이는 긍정적인 자아관을 갖게 되고 무엇이든지 잘 해낼 수 있다는 자신감과 신념을 갖게 됨니다.

부모는 아이가 무엇이든 잘 해낼 수 있다고 믿어야 합니다. 안약이 무좀을 낫게 하듯이 아이의 성공 여부는 부모가 아이를 얼마만큼 신뢰하고 믿느냐에 따라 달라집니다.

정신분석학자인 프로이트Sigmund Freud는 "내가 큰사람이 되려고 갈망했던 것은 어머니가 나를 큰사람이 될 거라고 믿어 주었기 때문이다"라고 말했습니다. 어머니의 믿음이 프로이트를 세계적인 정신분석학자의 반열에 올려 놓은 셈입니다.

어머니의 믿음이 아이의 인생을 좌우할 수 있습니다.

"믿음은 공덕의 어머니"라는 부처님 말씀. 이 말씀의 속뜻이 무엇입니까? 당신이 아이에게 믿음을 보낸다면 모든 공덕이 성취된다는 부처님의 강한 메시지 아닙니까? '믿음이 으뜸가는 길'임을 일러 주심은 그냥 하시는 말씀이 아닙니다. 프로이트가 이 말씀을 입증하고, 역대의 위인들이 모두 부처님의 이 말씀을 확증합니다.

"내 신앙의 기쁨과 마음과 생각은 고타마의 가르침에서 떠나지 않습니다. 지혜 많으신 분이 어느 쪽으로 가시거나 그곳을 향해 나는 예배합니다. 나는 이제 늙어서 기력도 없습니다. 그러므로 내 몸은 그곳으로 갈 수 없습니다. 그러나 생각(믿음)은 항상 그곳에 가 있습니다. 바라문(스승 바아바린)이시여, 내 마음은 그와 맺어져 있습니다. 나는 그동안 더러운 흙탕에 누워 여기저기 떠 다녔습니다. 그러다가 마침내 거센 흐름을 건너신 티없이 맑게 깨치신 분(Buddha)을 만났습니다."

이때 거룩하신 스승(부처님)께서 나타나 핑기야에게 말씀하셨다.

"바카라와 바드라아우다 그리고 아알라비 고타마가 믿음에 의해서 깨달은 것처럼 당신도 믿음에 의해서 깨달으십시오. 당신은 죽음의 영역에서 벗어날 것입니다, 핑기야여!"

핑기야가 말했다.

"흔들리지 않는 경지에 저는 틀림없이 도달할 것입니다. 이 일에 대해 제게는 조금도 의심이 없습니다. 제 마음이 이와 같이 믿고 있다는 것을 인정해 주십시오."

● 숫타니파타

저 핑기야의 믿음에 대한 고백을 들으며 우리에겐 얼마나 믿음이 있는가, 자문해 볼 필요성을 느끼게 됩니다.

'아이가 훌륭하게 자랄 것이라고 믿으면 훌륭히 자랄 것이다. 그러나 아이가 별볼일 없이 자랄 것이라고 믿으면 아이는 별 볼 일 없는 아이로 성장할 것이다.'

자, 과연! 이 말을 믿겠습니까, 안 믿겠습니까? 당신은 어느 쪽에 점을 찍겠습니까? 인과는 종교에 상관없이 적용되는 이법理法의 가르침이며 우주 삼라만상의 본상本相입니다. 그래서 인과법, 인과율, 인과법칙— 이렇게 말하는 것이지요.

그렇다고 믿음이 맹목적이거나 광적이어서는 안 됩니다. 법당이 무너지라고 기도하고, 남이 얼른 망하라고 기도하면서 자신은 구원받겠다고 신에게 애걸복걸하는 것은 위험하기 짝이 없는 무지신앙이고 인간이 해서는 안될 생각입니다. 설령, 천만 번 양보하여 그런 기도의 힘으로 이웃이 망했다고 칩시다. 그 다음은 누가 망할 차례입니까? 그리고 이런 이웃이나 인접국을 둔 사람들이나 나라에서는 모두 경계할 것이고 멀리할 겁니다. 자연재해나 어려움을 당해도 누구 하나 거들떠보지 않을 겁니다. 오늘날 인류의 가장 큰 해악 중의 하나는 바로 이 '무지신앙無知信仰'이라는 사실을 우리는 현실을 통해서나 역사적 경험을 통해 잘 알고 있기에 잠시도 경각심을 늦추지 말아야 할 것입니다. 교육에서 말하는 건전한 인격의 믿음과 종교적 맹신은 엄밀하게 구분되어야 한다는 것을 강조합니다.

이런 불순한 신앙을 가진 사람들은 스스로 괴멸하고 맙니다. 선인선과善因善果, 악인악과惡因惡果, 선한 씨를 심으면 선한 열매가 맺히고 악한 씨를 심으면 악한 열매가 맺히기 때문입니다. 이는 인간만이 아니라 천지만물의 엄정한 이법理法이 아닌가요. 부디 아이를 신뢰하고, 안아 주고, 아이의 말에 공감하는 너그러운 부모가 되십시오. 이 너그러움은 믿음이 되고 습관이 되어 아이를 성공으로 이끄는 바로미터가 됩니다.

> 성공으로 이끄는 중요한 요소는 타고난 재능이나 능력이 아니라 좌절과 실패에도 불구하고 끊임없이 노력하는 습관(신념, 믿음)의 힘이다.
>
> ● 잭.D.핫지. 습관의 힘

Part 5

화

아이는 늘 부모를 화나게 합니다. 아이의 가슴에 잠재되어 있는 아름다운 꿈이 요술 풍선으로 피어나기 때문입니다. 화를 내기 전에 한 발 물러서서 우리들의 아이에게서 반짝이며 피어오르는 요술 풍선을 바라보아야 합니다.

자식은
인연의 화합

앵커 : 전주의 한 고등학교에서 교사가 학생을 심하게 때리는 동영상이 인터넷에 공개돼 논란이 일고 있습니다. ○○○기자가 보도합니다.

기자 : 복도에 엎드린 학생들에게 교사가 검도에서 쓰는 죽도로 체벌을 가합니다. 몇 차례 맞던 한 학생이 견디다 못한 듯 일어나 자리를 피합니다. 그러자 교사는 학생을 쫓아가며 계속해 죽도를 휘두릅니다. 휴대전화에 찍힌 이 장면은 전주의 한 고등학교에서 벌어졌습니다. 학교 측은 문제의 학생이 평소에도 보충수업에 자주 빠져 체벌이 강하게 이뤄진 것 같다고 밝혔습니다.

동료교사 : 한두 번 이야기한 것이 아니라, 말없이 도망가니까 수차례 경고했어요. 근데 그날따라 이상하게 장학사가 온 날…….

동영상은 뜨거운 논란과 함께 인터넷을 통해 네티즌들 사이에

퍼졌습니다. 감정이 섞인 과도한 체벌이었다는 의견이 다수를 차지했습니다.

● MBC TV, 밤 9시 뉴스

교사가 학생을 몽둥이로 심하게 때리는 장면을 본 시청자들은 어떤 생각을 했을까요? 또한 다른 교사들은 어떤 생각을 했고 학생은 어떤 마음을 가졌을까요?

분명한 것은 교육이 어느 한쪽 편이 되어서는 안 된다는 것입니다. 국민, 교사, 부모가 학생의 입장이 되어 생각해 보면 그 해답의 실마리가 금세 풀릴 것입니다.

교육은 인간을 가르치는 예술이라고 말합니다. 사람을 가르치는 데에 있어 때로는 매도 필요할 것입니다. 그래서 "미운 자식 떡 하나 더 주고 예쁜 자식 매 한 대 더 준다"는 속담이 생겨났는지 모를 일입니다. 공자는 〈논어〉에서 "가정에서의 자녀교육은 춘하추동 사계절의 변화와 같이 어떤 때는 따뜻하게, 때로는 추상과 같이 엄하게 다스려야 한다"고 말했습니다.

앞의 교사도 오죽 아이들이 속을 썩이고 말을 안 들었으면 저와 같이 무지막지하게 죽도로 사정없이 내려칠까요? 교단에 서 있는 나 역시 그 속마음을 이해할 수는 있습니다. 그러나 이는 부처님께서 말씀하신 연기법緣起法을 모르는 데서 비롯된 착각의 발상입니다.

우리는 연기에 의해 동시대의 삶을 함께 열어 가고 있습니다. 연기법이 무엇입니까? 상대방을 인정하고 적극 긍정하는 것이 아닙니까? 부처님이 이 세상에 오셔서 깨달으신 바가 무엇입니까? 바로 연기의 진리입니다. 부처님께서는 이것을 가르치려 이 사바에 나투신 것입니다. 우리들은 마땅히 아이들의 인격에 손상을 주는 행위를 해서는 안 됩니다. 아무리 교육적인 효과가 있더라도 인격을 모독하면서까지 인간을 가르치는 일은 정당화될 수 없습니다. 만약 매로 인격을 형성하고 인간을 만들 수 있다면 우리는 자녀나 제자들에게 매일 매를 들어야 하지 않겠습니까?

'사랑의 매'란 말이 있지요. 역설적이게도 이 말은 어떠한 체벌이든 사랑이 없는 체벌은 하지 말라는 의미를 내포하고 있습니다. 그러기에 자녀나 학생을 때리는 데에는 법도法度 있게 할 것입니다. 법도가 무엇인가. 바로 유한적 의미의 사랑, 그 너머에 있는 자비의 매를 드는 것입니다. 우리의 조상님과 부모님들은 자녀의 종아리를 때리지 않고 당신의 종아리를 내리쳤습니다. 아니, 부드러운 언어, 부드러운 눈빛, 부드러운 손길로 먼저 자녀의 아픈 마음을 어루만져 주었습니다. 이것이 진정한 자비의 매일 겁니다.

매를 맞은 학생은 어쩌면 심한 정신적 충격에서 헤어나지 못할지도 모릅니다. 교사나 부모는 자기 역할을 못하는 학생에게 도움을 주는 존재이어야 합니다. 부모나 교사에게 말썽꾸러기 아이들이 없다면 어디서 보살행을 하고 남을 위해 따사로운 가르침을 펼 수 있을까요? 만약 이 교사의 경우 "너 때문에 선생님 속이 많이 타는구나" 하며 보듬어 주었다면 그 학생이 어떤 반응을 보였을까요? 최소한 동영상에서처럼 매를 피해 도망가지는 않았을 것입니다. 그 자리에서 선생님 볼 낮이 없어 얼굴을 푹 숙였을지 모릅니다.

부모나 교사가 너무 사소한 것에 목숨을 걸 듯 살고 있지 않나 되돌아보게 됩니다. 사랑의 매란 연기적인 관계, 상의상관相依相關적인 관계 속에서 이루어져야 합니다. 굳이 매를 쓰려면 감정이 빠지거나 절제된 자비의 매가 되어야 합니다.

매를 들지 않으면 안 될 절박한 스승과 부모에게 부처님은 간곡히 이르십니다.

'자식은 인연의 화합'. 그러기에 인연이 다하면 헤어져 서로 각자의 길을 갈 것입니다. 자식과 부모는 외로운 이 사바의 섬에서 잠시 서로 의지하고 사랑을 나누며 함께 살아가는 '관계의 상징'일 뿐입니다.

따라서 모든 생명은 스스로가 주인입니다. 자녀는 부모를 매개로 태어났지만 매개적 생명체가 아닌 연기적 생명체로 존재하는 것입니다. 그래서 진여의 생명이며, 바라밀다(완성)의 생명이며, 상서광명이 샘솟는 거룩한 부처님의 생명입니다.

진수는 옷이 흙투성이인 채로 들어왔습니다.

"도대체 뭐를 하였기에 옷이 그 모양이니?"

"축구를 했어요."

"지금이 몇 시야? 숙제도 해야 하고 저녁밥도 먹어야 될 것 아니야?"

"걱정하지 마세요. 숙제할게요."

"내가 네 시녀라도 되냐? 밥상을 또 차려야 되잖아."

"어머니, 제가 차려먹으면 되잖아요."

진수는 밥상을 차리러 부엌으로 들어갑니다. 마음이 불안한 진수는 김치가 담긴 접시를 냉장고에서 꺼내다 그만 떨어뜨리고 말았습니다. 접시는 깨지고 부엌 바닥은 엉망진창이 되었습니다.

"휴, 도저히 못 참겠다. 너는 어떻게 하는 일마다 그 모양 그 꼴이냐, 엉?"

엄마는 허리춤에 두 손을 올리고 한심하다는 표정으로 진수를 내려다보았습니다.

"그래요, 저는 못나고 늘 바보 같은 아이에요. 앞으로 그 모양 그 꼴인 저에게서 뭘 기대하지 마세요."

진수는 현관문을 박차고 나가 밤늦도록 돌아오지 않았습니다.

남이 화를 내면 관계를 끊으면 그만입니다. 그러나 부모 자녀 사이는 끊을 수 있는 관계가 아닙니다. 그래서 더욱 신중해야 합니다. 아무리 불가피하게 화를 낼 경우라도 아이에게 마음에 상처를 주는 말을 하게 되면 아이의 성장은 그 자리에서 멈추고 맙니다.

여기 진수의 경우를 보세요. 진수는 자기 스스로 바보, 못난이라고 인정하고 있지 않습니까? 이것을 '자기암시'라고 부르는데 자기암시는 자기를 암시한 대로 끌고 가는 업業의 수레바퀴가 굴러 가는 방향이 됩니다. 아마도 진수는 부모와 혁혁하게 관계를 개선하지 않는 한 '바보'나 '못난이'로 인생을 살아갈 가능성이 높습니다.

진수가 밤늦도록 집에 들어오지 않은 것도 우연이 아닙니다. 진수는 나이가 어려 집을 완전히 나가지는 못했지만 조금만 더 컸다면 가출을 감행했을지도 모릅니다.

아이들은 이렇게 세심하고 여리며 마음이 굳지 못합니다. 부모의 화를 받아들일 만큼 정신적으로 성숙되어 있는 것도 아닙니다.

• 자녀들은 모든 일에 대하여 부모를 불안하게 하고, 귀찮게 하

고, 초조하게 하고, 화나게 하고, 분노케 한다.

- 비록 화가 나는 일이 있더라도 자녀의 인격이나 개성을 모독하는 일은 결코 없어야 한다.
- 부모들은 자식들에게 죄책감guilt이나 후회regret, 수치shame를 느끼지 않도록 세심하게 배려해야 한다.

● 하임 기너트. 부모와 청소년

세기적 심리학자인 하임 기너트의 이런 제안은 많은 사람들의 공감을 얻었습니다.

어떤 사람이 우리를 화나게 하는 말이나 행동을 하면 우리는 고통을 받는다. 그리하여 우리는 그 사람에게 고통을 되돌려 줄 말이나 행동을 하려 한다. 그러면 우리의 고통이 줄어들 것이라고 생각한다. 그러나 사실은 그렇지 않다. 쌍방 모두가 갈수록 더 마음이 아파질 뿐이다. 정말 필요한 것은 애정과 도움이다. 어느 쪽도 앙갚음을 반복해서는 안 된다.

● 틱낫한. 화

프랑스에서 플럼빌리지를 운영하고 있는 베트남의 정신적 지도자 틱낫한스님은 화가 났을 때는 무엇보다 자신과 대화하는 것이 중요하다고 말합니다. 당장 화가 났다고 감정을 주체하지 못하여 괴로워하지 말고 일단 숨을 고르며 마음을 추스르라고 일러 줍니다.

부처님은 화를 다스리는 많은 방법을 전해 주셨습니다. 의식적인 호흡, 자신과 대화, 화와 하나 되기, 무상관無常觀 등입니다. 이 밖에 여타의 경전도 화가 날 때 읽게 되면 큰 힘이 됩니다.

- 물질과 소리, 향기, 입맛, 촉감, 지어감에 머물면 수행자가 아 니다.
- 만약 보살이 아상과 인상, 중생상, 수자상이 있으면 보살이 아 니다.
- 일체 함이 있는 모든 법은 꿈이며 환幻이며 물거품이며 그림 자 같으며, 이슬과 같고 또한 번개와도 같으니 응당 이와 같이 관하라.
  ● 금강반야바라밀경

노여움은 사나운 불길보다 더 무섭다. 그러므로 항상 잘 지켜서 노여움의 불길이 일어나지 못하게 해야 한다. 공덕을 파괴하는 도 둑은 노여움의 불길보다 더한 것이 없다.
  ● 유교경

경은 큰소리로 읽어야 제 맛이 납니다. 큰 소리로 읽으면 마치 부처님이 곁에 오셔서 이르듯 가슴에 사무치기 때문입니다.

부처님은 화를 부단히 경계하셨습니다. 지옥으로 끌고 가는 세 가지 나쁜 마음 즉, 탐욕과 성냄 그리고 어리석음을 경계하셨는 데, 그 중에서 화내는 것에 대해 더욱 경계하셨습니다.

화를 냈을 때, 화를 관하며 길게 호흡을 한다면 호흡지간에 곧 평정이 찾아올 것입니다. 물론 쉽지는 않습니다.

화가 날 때 일단 멈추어 섭니다stop.

그리고는 화를 관합니다think.

화가 무엇인가? 화를 내는 이유가 무엇인가? 화를 내는 나는 누구이며 화를 내어 얻으려고 하는 것은 무엇인가? 화란 본래 없는 것이 아닌가?

그러면 곧 마음의 평화가 올 것입니다. 그럴 때 상대와 대화를 시도합니다activity.

STAstop→think→activity 3단계로 이어지는 과정을 통해 나는 늘 평정을 얻습니다.

"만약 자신의 생이 1시간밖에 남아 있지 않다고 하면 그래도 아이에게 화를 내시겠습니까?"

아이를 늘 꽃으로 바라보라는 선생님이 한 어머니에게 물었습니다.

그러자 어머니는 빙그레 웃으며 대답했습니다.

"예, 아이를 꽃으로 바라보겠습니다."

선생님도 미소를 지으며 말했습니다.

"성공입니다!"

Part 6

아이와 하나 되기

"가정에서 책임감 있는 아이를 길러 내는 힘든 기술을 익히는 세대는 새로운 미래 세대의 부모가 될 것입니다. 그 새로운 세대에는 모든 것이 다시 시작되어야만 합니다. 바로 오늘, 이 순간 당신의 가정에서 시작해 보십시오."

- 토머스 고든. 부모의 역할 훈련

아이의 일은 내일로 미루어서는 안 됩니다. 바로, '지금 · 여기'이어야 합니다. 사람은 시간을 기다릴 수 있으나 시간은 사람을 기다려 주지 않기 때문이지요.

아이가 거짓말을 할 때

아이들은 종종 거짓말을 하여 부모의 가슴을 놀라게 합니다. 깜짝 속아 넘어갈 거짓말을 그럴 듯하게 늘어 놓기도 하지요. 이럴 때 어떻게 하는 것이 현명한 부모의 태도일까요?

다음 대화를 통해 거짓말을 하는 아이를 어떻게 다루어야 하는지 살펴봅니다.

아버지 : 아빠가 사준 MP3 어디다 두었니?

수빈 : 제 방에 있어요.

아버지 : 한번 가져와 봐라.

수빈 : 사실은…….

아버지 : 똑바로 얘기해!

수빈 : 친구에게 빌려주었어요.

아버지 : 넌 또 거짓말을 하는구나. 내일까지 시간을 줄 테니 아빠가 퇴근하기 전까지 책상 위에 올려 놔!

수빈 : …….

그날 저녁 수빈이는 아버지가 잠들 때까지 들어오질 않았습니다.

아이와 이렇게 대화할 바에야 차라리 침묵을 지키는 것이 낫습니다. 침묵을 지키는 동안 아이는 부모의 마음을 헤아리게 될 것이고 거짓말하는 자신을 바라보게 될 테니까요.

아이들의 양심은 어른들처럼 비겁하거나 조건적이지 않습니다. 따지고 분석할 정도로 감성지수나 판단지수가 성숙되어 있지 않기 때문입니다.

그러면 어떻게 하는 것이 현명한 대화일까?

"넌, 또 거짓말을 하는구나"라고 하기보다는 "아, MP3를 못 찾는 것을 보니 분실했나 보구나. 아까운 걸. 쯧쯧" 하며 혀를 차는 것이 도리어 아이의 마음을 움직이게 하는 적절한 대화입니다.

이렇게 될 때 아이는 부모가 자신을 이해하고 있다고 생각하게 될 것이고, 자신의 잘못을 고백하고 부모와의 신뢰관계를 구축해 나가게 될 것입니다. 그렇지 않고 MP3를 잃어버렸다고 닦달하기만 한다면 아이가 해결할 수 있는 방법은 거짓말하기와, MP3를 훔쳐다 놓는 일, 두 가지밖엔 없을 것입니다. 이 과정에서 아이는 또 거짓말을 할 것인가 아니면 MP3를 훔쳐다 놓을 것인가의 기로에서 수빈이처럼 가출을 시도할지 모릅니다.

분명한 것은 아이들이 진실을 말할 때 이를 인정받지 못하면 거짓말을 합니다. 또한 자기자신을 옹호하기 위해서 거짓말을 하기도 합니다. 그러므로 거짓말을 들었을 때 아이를 야단치거나 나쁜 녀석이라고 몰아붙이기보다는 거짓말을 하는 이유가 어디에 있으며, 그 거짓말이 부모에게 어떤 메시지를 전달하는지, 이면에 숨은 의미를 파악해야 합니다. 그렇지 않고 거짓말을 한다는 이유로 아이를 몰아세우기만 한다면 아이의 거짓말은 계속 이어질 것이고 부모와의 신뢰관계가 무너져 자녀와의 사이가 점점 멀어지게 될 것입니다. 그럴 바에야 조금 잃고 큰 것을 얻는 것이 현명한 방법입니다.

어떻게 하는 것이 조금 잃는 것인가? 아이의 거짓말을 인정해 주고 아이를 본래의 위상에 올려 놓는 것이지요. 거짓말을 인정한다고 해서 부모의 권위가 실추되거나 교육 권한을 포기하는 것은 아닙니다. 도리어 부모가 거짓말을 인정해 준다면 아이는 단박에 자신의 양심에 가책을 느껴 다시는 거짓말을 안 하게 될 것입니다.

> 지혜로운 사람은 말해야 할 때를 알고, 말을 할 때에도 뜻이 담긴 점잖은 말로 자신의 처지를 간곡하게 전해야 한다. 그러나 자신의 고민을 덜어줄 수 없고, 말하는 것이 도리어 좋은 결과가 되지 못한다는 것을 알면, 차라리 자기 홀로 고통을 감내하면서 끝까지 침묵할 수도 있어야 한다.
>
> ●Duta Jataka

"지혜로운 사람은 말을 할 때를 알고 자신의 처지를 간곡하게 전해야 한다."

"말하는 것이 좋은 결과가 되지 못한다면 고통을 감내하고 침묵할 수 있어야 한다."

이것이 거짓말하는 아이로 인해 고민하는 부모에게 설하신 부처님의 말씀입니다. 아이의 종아리를 때리는 부모에게, MP3를 잃어버렸다고 야단하는 부모에게, 부처님은 자애로운 모습으로 다가오십니다. 그리고는 부모의 손을 잡으시고 거듭 이르십니다.

> 자신의 고집을 인정하여 버리지 않고 오히려 남을 가르칠 수 있다고 잘못 판단하기 때문에 더 깊은 반목으로 빠져든다.
>
> ● 빨리경전, Kulaviyuhasutta

아이가 거짓말을 할 때 그 사실을 환히 알면서도 "응, 그렇구나!" 하면서 껄껄 웃어 주는 부모, 아이의 사소한 잘못을 모르는 척 눈감아 줄줄 아는 부모, 아이에게 화나는 일이 생겼을 때 유행가 가사처럼 "다 그런거지 뭐!" 하며 넘길 줄 아는 부모.
교육학자들은 이런 부모가 되기를 주문합니다.

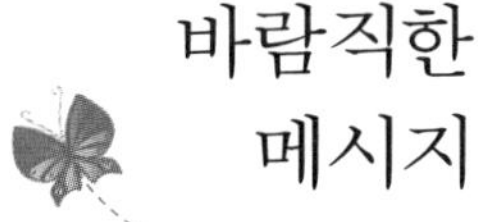

바람직한
메시지

지윤이와 지원이는 같은 반 친구입니다. 이름은 비슷하지만 자매나 형제는 아닙니다. 두 아이의 공통적인 특징은 학업성취도가 높고 낙천적이며 할 일을 알아서 잘한다는 것입니다. 그러나 성격적인 면이나 생활 습성엔 다소의 차이를 보입니다. 지원이는 자주적이고 순종적이며 침착합니다. 반면 지윤이는 자주적이고 순종적이기는 하지만 이따금 산만하여 지적을 받고 급우들과의 마찰을 유발하기도 합니다.

내 딸 지윤이에게

엄마에게는 언니도, 지윤이도, 동생도 모두 소중하고 사랑스런 딸이란다. 그리고 지윤이는 얼굴도 예쁘고 공부도 열심히 해서 행복하단다.

엄마가 너에게 잔소리하는 건 네가 울음이 많아서 그렇잖아. 그러니 울지 말고 무슨 일이든 또박또박 얘기하길 바란다. 그렇게만 해 주면 우리 지윤이는 100점짜리 딸이란다. (파이팅). 학교 다닐 때나 친구들과 놀 때도 항상 차 조심하고 모르는 사람은 절대 따라가면 안 된다. 너는 엄마에게 꼭 필요하니깐. 그리고 항상 동생을 생각해 주고 양보하고 돌봐 주어서 정말 고맙다.

지윤아, 모든 일에 항상 최선을 다해 노력하고 열심히 행복하게 살자. 사랑한다. 많이, 많이…… 엄마가　　　　●지윤이 엄마의 글 전문

사랑하는 딸 지원이에게

지원이는 엄마·아빠와 가끔 편지를 주고받지만 뜻하지 않은 긴 편지에 엄마·아빠의 가슴이 뭉클하구나. 더구나 너무나 사랑스러운 내용에 글자마다 설레었단다.

엄마·아빠의 소중한 딸로 태어나 지금까지 크게 한번 아프지 않고 건강하고 예쁘게 자라 주어서 얼마나 고맙고 감사한지 모르겠다. 우리 딸 지수, 지원이 두 딸이 있어 엄마·아빠는 하루하루가 즐겁고 행복해. 엄마·아빠의 생각 때문에 학원 한 곳 가지 않고 집에서만 공부하면서도 힘들다 어렵다는 말도 없이 차분히 따라와 주어서 더 기특하고 대견스럽다.

네가 어릴 때부터 자다 일어나 많이 울고 보채서, 크면 얼마나 노래를 잘할까 했더니 요즘 춤도 가끔 추고(문어 춤) 노래도 불러 주며 재롱을 피워 엄마·아빠에게 기쁨을 주고 있지. 무엇보다도 학생의 본분인 공부를 열심히 하고 학교생활에 잘 적응해 주어서 더더욱 고마워. 엄마는 지원이가 유치원을 다니지 않아서 학교생활에 적응하지 못하면 어떡하나 입학하면서 고민했거든. 누구하고도

부모와 자녀가 서로 글 주고받기 수업을 한 자료입니다. 글을 보면 두 엄마의 글이 확연히 대비되고 있음을 느낍니다. 이들 중 어느 글이 자녀에게 어필할 수 있을까요?

글은 마음과 마음을 잇는 가교입니다. 그러기에 자녀와 주고받는 글이 훌륭한 교육방법으로 이용되지 않으면 안 됩니다.

자녀의 마음을 열도록 하려면 마음의 문을 여는 기술이 필요합니다. 뒤에서 또 공부하겠지만 '너–전달법You-message'이 아닌 '나–전달법I-Message'을 사용하는 것입니다. 가령 집안에서 공놀이하는 아이에게 "방이 운동장이냐? 밖에 나가서 놀지 못하겠니?" 한다면 이는 '너–전달법'입니다. "먼지가 나서 엄마의 호흡기가 좋지 않구나! 그러다 화분이라도 깨면 큰일이겠는걸" 하는 것이 '나—전달법'입니다.

지윤이 엄마는 '너—전달법'을 사용하고 있습니다. 반면 지원이 엄마는 시종 '나—전달법'으로 딸에게 다가서려 노력하고 있습니다.

'너—전달법'은 아이에게 잔소리로 들리기 십상입니다. 그러기에 아이들은 "우리 엄마는 원래 그래. 늘 잔소리만 하는걸 뭐!" 하고 받아들이는 경우가 많습니다. 따라서 부모는 항상 '너—전달법'이 아닌 '나—전달법'을 사용하려고 의도적으로 노력해야 합니다.

부처님께서 왐사Vamsa의 꼬삼비에 있는 싱사빠Singsapa동산에 계실 때입니다. 부처님은 싱사빠 나뭇잎을 한 움큼 쥐고 제자들에게 물으셨습니다.

"비구들아, 내가 손에 들고 있는 싱사빠 잎과 저 동산을 덮고 있는 싱사빠 잎, 어느 것이 더 많다고 생각하느냐?"

"동산에 있는 잎들이 훨씬 더 많습니다."

"그렇다. 내 손에 있는 것보다 동산의 싱사빠잎이 많듯이 내가 알고 있으나 말하지 않은 것이 더 많다. 이유를 알겠느냐? 그것은 말해 보았자 이익이 될 것이 없기 때문이며 수행에 보탬이 되지 않기 때문이며 마음이 평온과 고통의 소멸과 완전한 열반으로 인도되지 않기 때문이다."

● 장아함경

수행뿐만 아니라 자녀교육에 있어서도 이익이 없는 말은 아니함만 못합니다. 부처님께서 수행에 전혀 도움이 되지 않는 말은 하지 않으려 애 쓰셨듯이 자녀교육에 도움이 되지 않는 말이라면 말을 아끼는 절제의 지혜가 필요합니다.

　아이에게 말을 절제하는 부모, 아이의 검정을 건드리지 않으려는 부모, 아이들은 그런 부모를 원합니다.

적극적 경청

“아빠, 우리 학교 달리기 대표선수가 되어 대회에 출전하게 되었어!”

“정말이니? 기분 좋겠다!”

“그럼, 정말이고말고!”

아빠와 자녀 사이에 벌어지는 이런 대화법은 아이의 말문을 열게 하고 부모와 자녀 사이를 더욱 친숙하게 만듭니다.

적극적 듣기란 듣는 사람이 말하는 사람의 감정과 말하려는 의도를 잘 인식해 내어 적절하게 반응하는 것을 말합니다. 이때 듣는 사람은 의견이나 충고, 비평, 분석, 질문 등과 같은 자신의 메시지를 전달하면 안 됩니다. 단지 말하는 사람의 감정과 의미 파악에만 중점을 둡니다.

아빠와 아이가 주고받는 이 짧은 대화에서 아이는 자신의 감정을 솔직하게 전달하려 노력했고, 부모는 아이의 감정을 충분히 읽어냈습니다. 이 과정에서 부모와 아이 사이의 벽이 허물어지고 서로의 관계가 개선되었으며 친밀도가 형성되어 가족애가 더욱 돈독해졌습니다.

여기에 아빠의 적극적인 듣기의 멘트가 좀 더 이어진다면 대화는 무르익고 아이와 관계가 더욱 개선될 것입니다. 아이는 적극적인 청취자가 있음을 알고 더 신나게 자신의 의견과 생각, 그리고 감정을 드러내게 되기 때문이지요. 대화 중에 훈계하고 질문하며 비판하면서 생각을 바로 잡아주려고 한다면 대화의 문은 좁혀지게 됩니다.

이 같은 적극적 듣기는 왜 필요할까요?

첫째, 적극적 듣기는 부정적인 감정에 대한 죄책감을 없애 줍니다. 부모의 적극적 듣기 태도를 보고 자녀는 감정이란 수시로 변할 수 있다는 사실을 깨닫게 됩니다.

둘째, 아이와 부모 사이의 장벽을 없애 줍니다. 아이의 말을 귀담아 들어주는 데서 아이는 마음의 평안을 얻고 만족감을 느끼며 부모에 대해 따뜻한 감정을 가지게 됩니다. 부모 역시 아이를 이해하게 되고 공감을 통해 친밀도를 증장시킵니다.

셋째, 아이가 갖는 문제와 고민을 쉽게 해결하는 데 도움을 줍니다. 대화를 통해 아이는 자신의 감정을 부모에게 이입시킴으로써 스트레스가 해결되고 고민을 공유하게 되며 해결점을 모색하게 되어 문제를 스스로 해결할 수 있는 정신능력이 길러집니다.

넷째, 적극적 듣기는 아이에게 부모의 생각과 의견에 귀 기울여 듣도록 하는 훈련입니다. 아이는 물론이거니와 어른 역시 자신의 말에 귀 기울여 주는 사람이 있다면 기분이 좋아지고 더욱 말을 하고 싶어집니다. 아이가 부모의 말에 귀를 기울여 준다면 부모와 자녀 사이의 관계가 좋게 나타납니다. 반대로 아이가 부모의 말에 귀를 기울여 주지 않고 딴전을 피운다면 아이와의 관계가 소원해지게 됩니다. 이는 평상시 부모가 아이의 말에 귀를 기울이지 않은 원인에 기인합니다.

다섯째, 적극적 듣기는 아이의 판단력을 길러 줍니다. 부모가 아이의 의견을 적극 청취하면 아이 스스로가 문제점을 찾아내고 해결점을 모색합니다. 상담의 기본 원칙은 상담자는 내담자에게 해답을 제시하지 않는 것입니다. 단지 내담자 스스로 문제점을 발견하고 그 문제를 해결할 수 있도록 도움을 주는 도우미 역할을 할 뿐입니다.

> 세상은 점점 서로 의존적이게 되어서 우리의 복지와 행복은 다른 많은 사람들과 밀접한 관계에 있습니다. 궁극적으로 우리들 각자는 다른 모든 사람들과 더불어 하나의 인류입니다.
>
> ● 달라이라마. 한국불자들에게 보내는 초파일 봉축메시지 중에서

부모와 아이는 하나입니다. 가정도 하나며 인류도 하나입니다. 그러나 생각은 각기 다릅니다. 이 다른 생각을 하나 되게 하는 길이 적극적 경청입니다.

적극적 경청은 자신의 감정과 의견을 제어하는 인내력이 필요합니다. 다시 말해 아이의 눈높이에 맞추어 경청해야 성공할 수 있다는 뜻입니다.

아이들은 자기들의 말과 생각을 부모에게 들려주고 싶어 합니다. 부모와 하나가 되고 싶어 하는 것이지요. 비록 아이가 청소부가 되겠다고 말하더라도 고개를 끄덕여 주는 부모, 아이는 이런 부모를 최고로 생각합니다.

적극적 경청. 이것은 나와 아이, 나와 이웃, 나와 사회를 하나 되게 하는 기술입니다. 그러나 이것은 엄청난 기술이 아닙니다. 아이의 눈동자를 바라보면서 빙그레 웃어 주거나 고개만을 끄덕여 주면 되는 것입니다. 자녀 교육의 기본은 여기서부터 출발합니다.

어떤 사람을 보고 '나쁜 놈'이라고 생각하는 것은 내가 상대방을 좋은 사람으로 만들어야겠다는 생각이 이미 마음속에 들어 있기 때문입니다. 그렇지만 내 힘으로 좋은 사람을 만들어야 될 사람은 한 사람도 없습니다. 모두 부처님생명을 살고 있기 때문이지요. 그러한 모든 사람이 좋은 사람이 되게 하는 방법은 그 사람들을 모두 부처님생명으로 볼 수 있도록 내가 바뀌는 것 말고는 달리 방법이 없습니다.

● 한탑스님. 금강경에서 배우는 나의 참생명 부처님생명

아이를 바뀌게 하려면 어떻게 해야 할까요? 그렇지요. 부모가 먼저 바뀌고 변해야 합니다. 내가 바뀌고 자신이 변해야 세상이 바뀌고 변합니다. 지금껏 자녀만 변화시키려고 시도했던 훈계, 설교, 명령, 지시, 경고, 위협, 비판, 비난, 논리적으로 따지기, 조롱, 비아냥거림 등으로는 도저히 아이를 바꿀 수 없습니다.

그러나 적극적인 경청은 아이와 대화의 문을 열게 하고 아이를 한층 성장시킬 수 있습니다. 적극적 경청은 이미 자신을 비운 것이고 자신을 바꾼 것이니까요.

바로 지금이어야 합니다. '내일이면 늦으리!'입니다. 이 말은 어느 책 제목만이 아닙니다. 사람은 시간을 기다릴 수 있으나 시간은 사람을 기다려 주지 않습니다. 그러기에 부처님은 열반에 드시면서도 이렇게 말씀하셨지요.

쉬지 말고 나와 가장 가까이 인연된 자식들을 잘 인도할 것입니다. 아이를 훌륭히 키워 내려는 노력은 나라를 구하고 세상을 구하는[救國救世] 최상의 일입니다. 자녀가 누구입니까, 아기 부처님 아닙니까? 부처님을 받들어 시봉하는 일이 정진이 아니면 도대체 무엇이 정진입니까? 우리는 마땅히 적극적 경청을 통해 아이와 하나가 되도록 노력하고 정진할 일입니다.

아이의 행동을 수용할 수 없을 때

엄마의 권리

엄마는 요즈음 수진이의 행동을 이해할 수 없습니다. 엄마의 욕구와 권리는 아예 찾을 수가 없지요. 엄마도 나름대로 권리를 행사하며 스스로의 입지를 확인해야만 하는데 수진이를 통한 권리행사는 요원한 듯싶습니다. 수진이는 자기만 아는 이기적인 행동으로 일관하며 부모가 해 주는 모든 것을 너무나 당연지사로 알고 있지요.

'격한 감정이나 갈등은 안 된다. 가정의 평화를 깨면 이것은 엄마의 책임이다. 수진이는 내가 낳은 아이이니 난 그에게 전적으로 도우미 역할을 해야 한다.'

아이에 대한 엄마의 생각입니다. 엄마는 아이가 원하면 무엇이든지 들어주어야 한다고 생각하며 아이를 키웠습니다. 가정의 화목을 위해서, 집안을 소란스럽지 않게 하기 위해서, 최대한 수진이의 권리를 보장하고 시중을 들었습니다. 이 과정에서 아이는 점점 오만하고 자기중심적으로 변해 갔습니다. 엄마의 요청은 번번이 거절당했고 집안일은 모두 엄마만의 몫이었습니다. 집안에서 엄마는 마치 죄인 같았습니다.

타협과 협력은 아예 생각할 수 없습니다. 엄마는 요즈음 들어 아이를 잘못 키웠다고 속으로 후회합니다.

"수진아, 부엌이 이게 뭐냐?"
"부엌이 어때서?"
"좀 깨끗이 정리정돈을 하란 말이야. 넌 이렇게밖에 못하니?"
"엄마가 좀 하면 안 돼?"
"안 될 것은 없지만 힘이 들어서 그런다."
"난 힘이 안 드나?"

엄마는 아이와의 관계에서 한계를 느낍니다.

엄마의 문제

그럼, 아이가 엄마의 감정에 귀를 기울이고 엄마의 권리를 되찾아올 수 있는 방법은 무엇일까? 먼저, 누구의 문제일까를 규명해 보는 작업이 필요합니다. 아마도 대부분의 엄마들은 전적으로 아이의 문제라고 답할 것입니다. 아이가 엄마에게 순종해야만 하고 엄마의 권리를 인정해야 해결될 것이라고 말이지요.

그러나 결론부터 말하면 이것은 아이가 해결할 문제가 아닌 것입니다. 속상한 것을 풀어야 하는 것도 엄마의 몫이고 아이에게 빼앗긴 권리를 되찾아오는 것도 엄마의 문제입니다.

적절치 못한 대화

보현이는 종종 밖에서 돌아오면 계란부침을 해먹습니다. 몇 시간 동안 치운 부엌은 곧 엉망이 됩니다.

"보현아, 엄마가 얼마나 많은 시간을 들여 청소해 놓았는데 이렇게 엉망으로 만들어 놓았니? 치워야 하지 않겠니?"

대부분의 엄마들이 이 같은 대화 방식을 택할 것입니다. 그러나 이런 대화는 적절치 못합니다. 아이가 이런 생각을 하게 될 테니까요.

- 부모의 말에 거부감을 갖게 된다.
- 부모가 자기를 못마땅하다고 생각한다.
- 큰 잘못을 저지른 것 같은 의식이 든다.
- 뒷일을 정리하는 것은 순전히 엄마의 몫이라고 항변한다.
- 아이가 기분 나빠 하고 자존심을 상하게 된다.
- 부모는 권위적이고 일방적이라고 생각한다.

특히나 다음과 같은 대화는 더욱더 해결책을 제시해 주지 못합니다.

- 명령이나 지시하기
  "숙제나 해."
  "학교 마치고 곧바로 와."
- 경고나 으름장 놓기

"부엌을 당장 치우지 않으면 혼날 줄 알아."

"게임을 계속하면 컴퓨터를 없앤다."

• 훈계나 설교하기

"그건 나쁜 짓이거든. 그러니까 그런 일은 하면 안 돼."

• 조언하거나 해결책을 제시하기

"내가 너의 입장이라면 그렇게 처리하지 않겠다."

"물건을 사용한 뒤에는 제자리에 놓아야지."

이러한 대화는 부모가 주도권을 쥐고 아이에게 주문하는 대화라 할 수 있습니다. 이러한 일방통행적인 대화 방식은 아이에게 좋지 않은 결과를 초래합니다.

• 하라고 지시하면 아이들은 저항한다. '해야 한다'거나 '하는 게 좋다'라는 소리를 듣고 자기행동을 수정하는 것을 좋아하지 않는다.

• 아이에게 해결책을 제시하는 것은 '나는 네가 스스로 해결책을 마련할 것이라고 믿지 않는다'라든가 혹은 '내가 겪고 있는 문제를 해결할 도리를 찾을 만큼 네가 신경을 쓰고 있지 않다고 생각한다'라는 메시지를 전달하는 것과 같다.

• 해결책을 이야기해 주면 아이는 부모의 욕구가 아이의 욕구보다 더 중요해서, 아이가 어떻게 하고 싶든지간에 부모가 생각하는 대로 행동해야 한다는 뜻이라고 아이는 받아들인다.

●토머스 고든. 부모의 역할 훈련

대개의 부모들은 자기는 문제가 없다고 말합니다. 아이에게만 문제가 있다고 하지요. 그래서 다음과 같은 대화로 해결하려 합니다.

- 비판하거나 비난하는 말
  "철딱서니가 없구나."
  "너 때문에 힘이 보통 드는 것이 아니다."
- 비웃거나 망신 주기
  "너 주제에 그것을 어떻게 하냐?"
  "잘난 척 좀 그만 해."
- 해석하고 분석하기
  "엄마를 화나게 하려고 일부로 그러지?"
  "넌 항상 엄마 곁만 졸졸 따라다니더라."
- 훈계하거나 가르치기
  "계란부침을 해 먹었으면 치워야 한다."
  "남의 물건을 함부로 만지는 것은 좋은 일이 아니야."

이런 말은 아이에게 상처를 주고, 화나게 하며, 아이의 부족한 면을 들추어 자긍심을 뭉개버리는 나쁜 대화라 할 수 있습니다.
이 방식에는 어떤 문제가 있는 것인가?

- 평가받거나 비난받으면 아이들은 죄책감과 가책을 느낀다.
- 아이는 '난 잘못한 게 없는데' 하면서 부모가 공정하지 않다고 생각한다.

아이의 인격을 존중하지 않는 언어는 아이의 자아발달에 부정적인 요소로 작용하게 됩니다.

비난받는 아이

수진이의 경우 엄마는 아이 스스로 해결할 수 있는 기회를 대부분 빼앗았습니다. 대화도 적절치 못합니다. 명령하고 타이르고 비난하고……. 아래의 글을 봅시다.

아이러니하게도 아이들은 부모에게 양육되지만 부모를 통해 매일 조금씩 생명의 싹이 잘립니다. 물론, 잘못된 양육방법 때문입니다. 따라서 불교적으로 보면 태어날 때 어떤 부모를 만나느냐는 것은 참으로 중요한 일입니다. 부처님께서 사바세계에 하생하실 때도 가장 먼저 부모될 인연을 찾았습니다. 부처님 생애를 기록한 〈불타전佛陀傳〉을 배우면서 눈여겨볼 대목입니다.

아이는 아기부처님

아이들은 아기부처님들입니다. 마땅히 부모는 아이들이 무럭무럭 성장할 수 있도록 자비로운 손길로 이끌어 주어야 합니다. 근본인 불성생명에는 어떤 장애도 없습니다. 천진불天眞佛이라는 말이 있듯 아이들은 모두가 천진한 부처님들입니다. 수진이가 이기적으로 변한 것은 수진이의 잘못이 아닌 부모의 잘못이고 우리 사회가 이기주의를 가르쳐 온 탓입니다.

잘못은 참회와 정진으로 극복할 수 있습니다. 참회와 정진을 통해 부모가 바뀐다면 아이도 바뀝니다. 보현보살처럼 중생의 업이 다하도록 참회한다면 내가 바뀌면서 세계가 바뀔 것입니다.

이와 같이 하여 허공계가 다하고 중생계가 다하고 중생의 업이 다하고 중생의 번뇌가 다하면 나의 참회도 다하려니와, 허공계와 내지 중생의 번뇌가 다함이 없으므로 나의 참회도 다함이 없어 생각생각 상속하고 끊임이 없되 몸과 말과 뜻으로 짓는 일에 지치거나 싫어하는 생각이 없느니라.

● 화엄경 보현행원품

<h1 style="text-align:right">아이와
하나 되는 대화</h1>

부모가 툭 던지는 무심한 말 한마디가 아이를 건강하게 만들 수도 있고 상처를 받게 할 수도 있습니다. 그러므로 아이와 대화할 때는 매우 유의하지 않으면 안 됩니다. 어떤 경우도 무턱대고 함부로 말해서는 안 됩니다.

그렇다면 어떻게 자녀와 대화를 나누는 것이 최선일까? 대화의 성공 여부는 바로 전달방법에 있습니다. 앞에서 잠깐 언급한 '너-메시지You-Message'와 '나-메시지I-Message'가 그것입니다. 이 학설은 세기적인 교육학자인 고든이 정립한 대화법입니다. 쉬운 방법이기는 하지만 이를 실천하려면 의도적인 노력이 필요합니다.

먼저, '너-메시지'를 살펴봅니다. 이 전달화법은 '너'를 중심으로 하고 주어가 '너'가 될 때를 이릅니다. 다음의 대화를 살펴보면 모두 '너'를 견지하고 있지요.

공 차지 마라.

저리 비킬 수 없니?

제발 말 좀 들어.

나한테 매달리지 않았으면 좋겠다.

반면, 부모가 아이와 대화할 때 '나'가 주어가 되고 중심이 된다면 이는 '나-메시지'입니다. 이 대화법의 중심은 모두 '나'에게 있습니다.

매달리니까 아빠가 피곤하구나.

도와줘서 부엌일을 빨리 끝낼 수 있었구나.

밥을 제 시간에 안 먹으니까 엄마가 힘드네.

아빠가 퇴근하여 집에 왔는데 아이가 자꾸 매달리면서 놀자고 합니다.

엄마하고 놀아.

귀찮게 하지 마.

위와 같이 말하면 '너-메시지'가 됩니다. 이 메시지를 들은 아이는 부모가 힘들어하고 있다고 생각하는 것이 아니라 자신이 아빠를 괴롭히는 나쁜 행동을 하고 있다고 생각합니다. 이렇게 '너-메시지'는 부모의 생각을 전달하는 데 매우 부적절함을 알 수 있습니다.

피곤해서 쉬고 싶은데.

아빠는 할 일이 많아서 너와 놀 수 없는 걸?

위와 같이 말하면 '나-메시지'입니다. 이 표현은 부모의 감정을 그대로 아이에게 전달하게 되고 아이는 '아빠가 무척 피곤하시구나' 하고 생각하게 됩니다.

그럼 '나-메시지'의 성공비결은 무엇일까요?

첫째로, 행동만을 설명해야 한다는 것입니다. 가령 아이가 우유를 먹다 방바닥에 쏟았을 때 "넌, 몇 살인데 아직도 우유를 흘리고 다니니? 너 때문에 미치겠다"라고 했다면 이는 행동만 지적한 것이 아니라 비난까지 한 것이 됩니다. "저런, 우유를 엎질렀구나"라고, 이렇게 행동만을 지적해야 합니다.

둘째, 부모의 감정을 숨겨서는 안 된다는 것입니다. 우유를 엎지른 아이에게 "너 때문에 미치겠다"라고 하지 말고 "치우려면 힘들겠다"라고 사실을 말해야 합니다.

셋째, 아이의 행동이 부모에게 어떤 결과를 가져왔는지 말해주는 것입니다. 이렇게 말이지요. "이걸 치우다 보면 엄마의 출근 시간이 늦겠는걸?"

'나-메시지'는 아이의 행동을 변화시키고 잃어버린 부모의 권리를 되찾을 수 있는 최선의 대화법입니다. 부모는 일일이 참견하고 간섭하고 통제하려고 들기보다는 "그럼 좀 어때" 하면서 한 발 물러설 수 있는 여유의 지혜가 필요한 것이지요.

부모와 자녀가 악다구니로 싸우는 것은 대부분 '너-메시지'를 사용하기 때문입니다. '나-메시지'는 자신의 감정을 솔직하게 상대방에게 전달하는 것이기 때문에 상대방과 마찰을 빚을 까닭이 없습니다. 그러나 '너-메시지'는 상대방에게 화살을 날리기 때문에 그 화살을 맞잡고 싸우게 되는 것입니다.

물론 '나-메시지'도 상황에 따라서는 상대방이 불쾌함을 느낄 수도 있습니다. 그러나 '너-메시지'를 통해 상대방을 비난하고 궁지로 몰고 가는 것보다는 불쾌한 감정을 훨씬 덜 갖게 된다고 할 수 있습니다.

옛말에 '말 한마디가 천 냥 빚을 갚는다'는 속담이 있지요. 그렇지요. 말은 천 냥 빚을 갚을 정도의 엄청난 위력을 갖고 있는 것입니다. 말의 중요성을 이 속담처럼 잘 표현한 예는 드물지요. 물론 천 냥은 상대적인 수치가 아닌 무한대의 수치를 일컫습니다.

> 입은 화의 문이니 엄하게 지켜야 하고
> 몸은 재앙의 근본이니 가벼이 움직이지 않아야 한다.
> 자주 나는 새는 그물에 걸리는 재앙이 있고
> 가벼이 날뛰는 짐승은 화살에 상하는 화가 없지 않도다.
>
> ● 야운스님의 자경문에서

말은 나와 상대방을 잇는 가교 역할을 하는 도구이지요. 그러기에 어떤 경우에도 상대방을 해하고 깎아내리고 절망에 빠뜨리는 도구로 전락시키면 안 됩니다. 잘못된 한마디는 상대의 생명까지 위협합니다.

> 거친 말을 여의라. 거친 말은 자기도 해롭고 남도 해를 입히므로 피차가 다 해로운 것이다. 그러나 착한 말을 닦아 익히면, 자기도 이롭고 남도 이롭다.
>
> ●무량수경

거친 말이 무엇입니까? '너-메시지'입니다. 아이에게 화살을 돌려 아이를 변화시키려는 잘못된 의도입니다. 거친 말은 아이와 부모를 모두 피곤하게 만듭니다. 그러나 착한 말, '나-메시지'는 아이도 이롭고 부모도 이롭습니다.

부처님은 애어愛語를 말씀했습니다. 애어는 사섭법四攝法 가운데 하나입니다. 교육적으로는 아이와 부모가 서로 상처받지 않고 대화를 나누는 방법이 애어입니다. 일상생활에서 애어를 쓰는 습관 하나만으로도 우리의 삶은 빛날 수 있습니다.

환하게 웃으며 아이에게 '나-메시지'로 따뜻한 말 한마디 건네는 것. 이것처럼 좋은 대화방식이 없습니다. '나-메시지'를 이용한 대화 한마디는 아이에게 감동을 주고 집안을 화목하게 만들며 가족 간의 우애를 다지게 합니다.

이렇게
칭찬하라

심리학자들은 동물 실험을 통해 어떤 행동에 대해 보상을 하면 강화强化, reinforcement 효과가 나타남을 증명해 보였습니다.

사람들은 많은 보상을 받고 살아갑니다. 눈에 보이든 안 보이든 수많은 보상 속에서 강화가 이루어집니다. 출근하기, 일찍 일어나기, 공부하기, 낚시질하기……, 이 모든 것이 강화입니다.

출근하면 봉급이라는 보상을 받습니다. 일찍 일어나면 새벽 공부라는 보상을 받습니다. 낚시질을 하면 고기를 보상받습니다. 이렇게 볼 때 생활 자체가 강화의 연속이라 할 수 있습니다.

강화란, 사전적으로 그 행동이 조건형성條件形成의 학습에서 자극과 반응의 결부를 촉진하는 수단, 또는 그 수단으로써 결과가 촉진되는 작용을 일컫습니다. 만약, 사람에게 보상이 없다면 아무것도 하지 않을 겁니다. 보상이 되기에 그 일을 반복하는 것입니다. 말했듯, 낚시꾼은 물고기를 잡습니다. 잡힌 물고기가 보상을 해 주는 것이지요. 만약 물고기가 전혀 낚이지 않는다면 보상이 없기에 낚시를 하지 않게 될 것입니다.

칭찬도 보상입니다. 사람들은 칭찬이야말로 가장 으뜸가는 보상이라고 말합니다. 그래서 착한 행동을 하면 반드시 칭찬을 해 주어야 한다고 합니다. 칭찬을 통해 보상이 되고 보상을 받음으로써 착한 행동이 다시 유발된다는 생각을 담고 있는 것이지요. 학교에서는 물론 가정에서, 사회에서, 직장에서, 학계에서도 온통 칭찬만이 최고의 보상인 양 말하곤 합니다.

그러나 과연 그럴까요? 칭찬을 넘어선 칭찬은 없는 것일까요?
사실, 일상적으로 이루어지는 칭찬에는 많은 함정이 도사리고 있습니다. 칭찬은 아이들을 통제하기 위한 수단으로, 거기에는 상대를 자신의 틀에 맞추려는 의도가 깔려 있습니다. 그러기에 수단으로 하는 칭찬이라면 아예 안 하는 편이 좋을지도 모릅니다.

엄마 : 와, 그림 잘 그리네. 우리 경수가 화가가 되겠어.
경수 : 정아보다도 못 그리는데…….
엄마 : 아냐, 참 잘 그렸어.
경수 : 잘 그리긴. 정아가 보면 웃을 거야.

엄마의 칭찬에 경수는 거부반응을 나타냈습니다. 경수는 도식적인 칭찬을 듣고 싶지 않은 것입니다.
부모가 칭찬할 때 거의 '너-전달법'을 사용한다는 데 문제가 있는 것입니다. 다음이 그 예입니다.

착하구나.

좋은 일 했어.

잘 했어!

성적을 많이 높였네.

그래, 그래야지.

멋져.

일찍 일어났구나.

'너-메시지'로 일관하고 있는 이런 칭찬들은 지극히 주관적으로 평가하고 판단하고 해석하고 있습니다. 그러기에 좋은 칭찬이라고 말할 수 없습니다.

그럼 좋은 칭찬이 있다면 어떻게 하는 것일까요?

정말 고맙다.

우산을 들어다 줘서 엄마가 비를 피할 수 있게 되었구나.

늦게 온다고 전화를 줘서 마음이 놓이더라.

네가 일찍 일어나서 엄마의 일이 좀 빨라졌네.

엄마가 돌아왔을 때 "와, 우리 재영이가 집안 청소를 아주 잘 해 놓았구나" 하는 칭찬도 훌륭하지만 "우리 재영이가 집안 청소를 해 주어 엄마가 힘을 덜겠네" 하는 칭찬이 더 좋은 칭찬입니다.

이렇게 하는 더 좋은 칭찬을 '칭찬의 법칙'이라 부릅니다. 칭찬의 법칙에는 더 큰 강화와 보상이 뒤따릅니다. 전자의 경우는 재영이가 다음에 청소를 하지 않으면 엄마에게 대단히 미안한 마음을 갖게 되고 죄지은 마음을 갖게 될 것입니다. 그러나 후자처럼

칭찬을 한다면 청소를 하는 일이 엄마의 힘을 덜어 주는 일이라
는 것을 깨닫고 일손을 도우려 할 것입니다. 깨닫는 것은 구체적
이어야 한다는 것이지요. 만약, 아이가 일손을 돕지 않더라도 앞
에서처럼 죄스럽게 생각하지는 않을 것입니다.

칭찬 너머의 칭찬, 정말 멋지지 않습니까? 이 칭찬에서 우리는
아름다운 언어예술의 경지까지 맛볼 수 있습니다. 그러기 위해서
는 선재동자가 구법여행을 하면서 53선지식을 만나는 것처럼 순
간순간 자신을 닦는 공부를 해 나가야 합니다. 그러자면 일상생
활에서 깨어 있어야지요.

그럴 때 부처님께서 선재동자에게 하셨던 것처럼 이렇게 찬탄
하시겠지요?

> 모든 부처님을 공경하므로 오래지 않아 모든 행을 구족하여 부
> 처님의 공덕 언덕에 이르겠구나!
>
> ●화엄경

이 찬탄을 듣는 순간 대장장이 춘다가 부처님을 처음 뵙고 춤을
춘 것처럼 우리도 이렇게 노래하며 춤추게 될 것만 같습니다.

> 기쁘다. 이 세상에서 부처님 만나기 어려워라. 우담바라 꽃을 얻
> 음과 같고, 겨자씨를 바늘 끝에 던져 꽂힘과 같다. 나 이제 생사의
> 고해를 영영 벗어났다. 기쁘다, 이 세상에서 부처님 만났으니 바다
> 의 눈먼 거북이 물 위에 뜬 나무를 만남이로다.
>
> ●열반경

위험한 칭찬

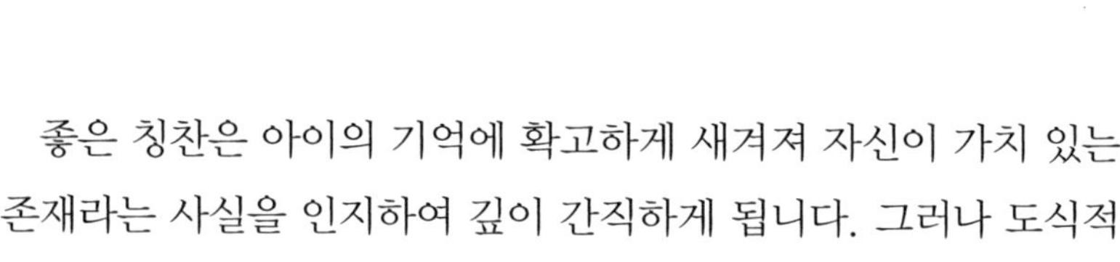

좋은 칭찬은 아이의 기억에 확고하게 새겨져 자신이 가치 있는 존재라는 사실을 인지하여 깊이 간직하게 됩니다. 그러나 도식적이거나 형식적이고 비판적인 칭찬은 아이의 존재감을 상실하여 정체성을 훼손합니다.

초등학교 시절, 나에게는 초롱초롱 떠오르는 추억 하나가 있습니다.

승회는 주워 온 학용품을 주인을 찾아달라며 선생님께 드렸다.

"승회가 착한 일을 했구나!"

선생님은 머리를 쓰다듬으며 미소를 지으셨다. 종례 시간이 되자 공개적인 칭찬도 잊지 않았다. 그때 뒷자리에 있던 아이가 말했다.

"선생님, 승회가요, 며칠 전에 돈을 주웠는데요, 주인을 찾아 주지도 않고 다 써버렸어요."

승회의 얼굴은 홍당무가 되었다.

칭찬은 아이를 파괴시키기도 하고 성장시키기도 합니다. 위와 같은 칭찬은 철저히 아이를 파괴시키는 칭찬입니다.

승회가 학용품을 주워 온 것은 칭찬을 받기 위한 것이기보다는 자신에게 별 소용이 없는 물건이었기 때문입니다. 자신에게 소용이 있던 돈은 주인을 찾아 주지 않았습니다.

승회는 선생님께 칭찬을 듣는 순간 쥐구멍이라도 있으면 들어가고픈 충동을 느꼈을 것입니다. 돈을 돌려주지 않은 사실도 있었지만 하교 후 집에 가다가 남의 밭에 들어가 몰래 무를 뽑아 먹은 적도 한두 번이 아니었습니다.

승회는 이런 일이 알려질까 봐 몇 날 며칠을 가슴 졸이며 지냈을 것입니다.

심리치료를 담당하는 전문가들은 다음과 같은 칭찬을 절대로 하지 않는다고 합니다.

참 잘했어.
매우 멋져.
훌륭했어.
계속 좋은 일 해야지?
역시, 넌 화가야.

왜 이런 칭찬이 효과적이지 못하고 아이들의 의식을 피폐하게 만드는 것일까요?

왜, 참일까요? 판결을 내리는 칭찬은 아이에게 불안감을 조성하고 남에게 의지하게 만들며 수동적으로 움직이게 하기 때문이란 것입니다. "잘했어"라는 칭찬은 잠시 동안은 기분이 좋겠지만 본질적으로는 파괴적일 수 있다는 것입니다. 다음의 두 가지 실례를 보겠습니다.

한 사람이 농부에게 말했습니다.

"이 집은 해마다 어떻게 하기에 이렇게 농사를 잘 지으세요? 비결이라도 있나요?"

그 때마다 농부는 말합니다.

"이게 뭐 잘 지은 농사인가요? 평년작이지요."

농부는 3년 전, 폐농으로 억장이 무너져 내리는 기분을 다시 맛보아야 했습니다.

보람이는 선생님이 실습장에서 풀 뽑는 것을 열심히 도왔습니다.

"벌써 이렇게 많이 뽑았어? 와, 보람이 때문에 한 시간만 더 하면 일이 끝날 것 같네. 고마워."

교사의 칭찬에 보람이는 즐겁게 일을 할 수 있었습니다. 교사는 "네가 없었으면 어떡할 뻔 했는지 아찔하다. 넌 능력 있는 아

이야” 하고 인격에 대한 평가를 내리는 칭찬을 하였다면 보람이
는 이렇게 생각할 가능성이 높았겠지요?

‘난 그냥 도와 드린 것뿐인데.’

‘난 항상 선생님을 도울 수 있는 형편이 아닌데.’

‘능력이 있다고? 달리기를 하면 맨날 꼴찌고 수학문제를 못 푼
다고 엄마에게 야단을 자주 맞는데.’

칭찬은 생산적인 칭찬을 해야 합니다. 그러나 상대의 인격을
평가하고 성격에 대한 판결을 내리는 칭찬은 효과적이지 못합니
다. 생산적인 칭찬을 하나 예를 들어 보지요.

채연이는 글을 잘 썼습니다. 선생님은 이렇게 칭찬했습니다.

“채연이 글을 잡지에 실어도 되겠는데.”

“예-에?”

채연이는 환한 웃음을 지었고 일기를 더욱 열심히 썼습니다.

다음 날 채연이는 선생님께 슬며시 다가왔습니다. 수줍게 웃으
며 무언가를 내밀었습니다.

“선생님, 초콜릿이에요. 선생님 생각이 나서 먹지 않고 가져왔
어요!”

종이에 빼곡히 인격을 비판하는 칭찬을 써 주는 것보다 “글을
잡지에 실어도 되겠는데” 하는 한마디의 말이 더욱 값지게 빛납
니다.

칭찬에 앞서 더욱 할 일이 있습니다. 인간에 대한 바른 이해와
신뢰를 구축하는 일입니다. 이해가 없거나 신뢰가 무너진 상태로

는 어떤 칭찬도 무의미하기 때문이지요.

부처님은 우리를 부르실 때, "벗이여", "선남자여", "선여인이여"라고 하십니다. 누구에게나 항상 이렇게 부르십니다. 이렇게 부르시는 데는 부처님의 속뜻이 있습니다. '너희들은 중생생명을 살고 있는 것이 아니야. 나와 똑같이 부처생명을 살고 있는 부처님생명이야' 하는 찬탄과 긍정의 뜻이 들어가 있는 것입니다.

'남의 부끄러운 점은 감싸주고 칭찬을 하라'고 이르시는 부처님, 자기를 칭찬하는 사람보다도 원망하는 사람에게 먼저 온정을 베풀라는 부처님의 가르침에서 불교의 진정한 '지혜·자비'를 동시에 봅니다. 바르지 않은 칭찬으로 상대방을 더 곤혹스럽게 하거나 마음에 상처를 남게 해서는 안 된다는 불교의 가르침에서 참다운 칭찬의 의미를 발견합니다.

정말 멋진, 돈이 들지 않는 자녀 교육의 원리가 이런 평범한 데 있다는 것이 얼마나 기쁜 일인가요?

Part 7

천재로 대하라

모든 아이는 천재성이 있습니다. 그럼에도 이 사실을 모르는 부모가 있습니다. 인간은 영원히 별나라는 갈 수 없다고 말하는 부모가 바로 그들입니다. 그런 부모 밑에서 자라는 아이는 영원히 별나라에 갈 수 없게 됩니다.

숙제는 돕는 것

초등학교 저학년의 부모들은 숙제를 대신해 주려는 경향이 있고, 고학년의 경우는 전적으로 자녀들에게 일임하거나 무관심한 모습을 보입니다. 이 두 가지의 유형에는 어떤 오류가 있을까요?

학교에서 숙제를 내주는 것은 아이들 스스로 문제를 해결해 보게 하는 데 뜻이 있습니다. 그렇게 함으로써 문제 해결력을 기르고 자신의 능력을 측정해 보는 계기를 마련하게 됩니다. 그러기에 숙제를 부모가 대신 해 준다면 교육적인 효과를 기대할 수 없습니다. 부모가 대신 해 줄 때 아이는 부모에게 의존하려는 성향을 키우게 되고 혼자서 무엇을 시도하려는 아무런 의욕을 보이지 않게 되지요.

그렇다고 전적으로 아이에게만 일임한다면 어떻게 될까요? 이 경우에는 자칫 교육에 대한 방임이 될 수 있습니다.

요즈음에는 예전처럼 문제풀이 위주의 숙제보다는 무엇을 탐구하는 숙제, 즉 관찰하여 보고서를 쓴다든가, 자신의 생각을 기술한다든가 하는 등의 조사 발표하는 숙제가 많이 제시됩니다. 가령 '교통질서를 못 지킬 경우를 다섯 가지 찾아 보세요'라는 숙제가 그 예입니다. 이 경우, 아이가 과제를 해결할 수 있도록 부모가 도와주어야 합니다.

교사들은 숙제를 잘 해 오는 아이를 안 해 오는 아이보다 기대치를 높게 잡습니다. 다시 말해 아이에게 거는 기대가 크다는 이야기이지요. 숙제를 잘 해 오는 아이들의 성향이 성실하고 착실하기 때문이지요.

승우는 숙제를 전혀 해 오지 않습니다. 부모 역시 무관심합니다. 그래선지 승우에게는 학교에서 무엇을 하려는 의지가 보이지 않습니다. 야단을 쳐도 안 됩니다. 칭찬을 해도 먹혀들어 가질 않습니다. 때마침 전학 문제로 전화가 걸려와 승우 엄마와 한 시간 정도 상담을 했습니다.

엄마 얘기로는 가정에서 볼 때 승우는 문제점이 거의 없으며 활달하게 잘 놀고 있고 엄마에게 늘 친절한데 무슨 문제가 있느냐는 것입니다.

때를 놓치지 않고 선생님은 학기 초부터 벌어진 승우의 전반적인 행동양식에 대한 이야기를 전했습니다. 무기력하고 실어증이 걸린 것처럼 말도 없고, 수업 중에 제시되는 학습과제를 전혀 하지 않으며, 친구들로부터 점점 관심이 멀어지고 있다는 사실을 말이지요. 승우의 경우 엄마의 판단대로 내버려 둔다면 교육에 대한 방임일 수 있음을 진단해 주었습니다. 그러함에도 승우 엄마는 선뜻 상담 내용을 수용하지 않았습니다.

승우는 정상적인 지능을 소유한 아이입니다. 그러나 부모의 무관심으로 인해 친구들로부터 '왕따'를 당해 가는 상황에 놓여 있고 무기력증과 실어증으로 이어져 가고 있습니다. 그런데도 부모는 아이의 행동에 무관심하거나 아이에 대한 정확한 판단을 내리지 못하고 있습니다.

승우의 경우엔 부모의 따사로운 손길이 정말 필요합니다. 숙제를 같이 하는 것만으로도 부모로부터 따뜻한 애정을 느끼게 되고 정서적인 안정감을 취할 수 있으며, 하면 된다는 자신감을 갖게 될 것이기 때문입니다.

숙제는 종종 가족 간의 애정관계 내지는 신뢰성을 증장시켜 나갈 수 있는 밑거름이 되기에 부모는 숙제를 어떻게 돕는 것이 좋을 것인가를 판단하여 적용해야 합니다.

숙제에 대한 부모의 바람직한 역할은 아이가 숙제를 잘 할 수 있도록 도와주는 것이 가장 좋습니다. 아이 자신의 능력으로 스스로 할 수 있도록 하되, 그렇지 못할 경우엔 살짝 이끌어 줘야 한다는 것입니다.

숙제에 대한 부모의 태도는 아이의 태도에 많은 영향을 준다고 교육학자들은 지적합니다. 가령, 부모가 아이 앞에서 선생님을 비난하거나 숙제에 대해 불만을 표시한다면 아이는 부모를 그대로 따라 배우게 된다는 것이지요.

"놀 시간이 어디에 있니? 일기도 써야 하고 숙제도 해야 하는

데……."

"너같이 공부를 하기 싫어하고 숙제하기를 싫어하는 아이는 처음 본다. 도대체 뭐가 되려고 그러니?"

이렇게 종용하는 교육방식은 즉각적인 효과는 있을지 모릅니다. 그러나 이런 방식은 아이를 화나게 하고 공부를 더욱 하기 싫어하는 아이로 만든다는 사실을 명심해야 합니다.

부모는 조력자입니다. 요구자가 되어서는 안 됩니다. 아이가 하는 것을 지켜보다가 그것이 아니다 싶을 때 살짝 돕는 것입니다. 편안한 마음으로, 결코 조급해 하지 말고 조금씩 앞으로 나아갈 수 있도록 돕는 것이 진정한 부모의 모습입니다.

> 부처님께서 오백 명의 비구들에게 말씀하셨다.
> "농부가 볍씨를 파종하는 것은 쌀을 수확하자는 것이지 잎사귀나 줄기를 거두자는 것이 아니다. 알찬 결실을 거두면 잎이나 줄기는 자연이 얻게 되고, 설사 뜻한 대로 수확을 거두지는 못한다고 해도 줄기나 잎은 그때 가서 얻을 수 있는 것이다." ●잡비유경

쌀을 수확할 때 줄기나 잎사귀는 부가적으로 따라오는 수확이지요. 아이가 숙제를 잘 할 수 있도록 돕는다면 지적인 성장은 물론 판단력이나 문제 해결력은 부가적으로 따라오게 됩니다. 한 가지를 잘 하면 다른 것도 잘 합니다.

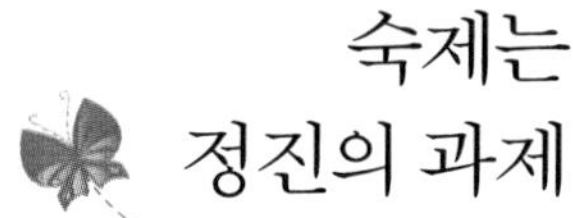

숙제는 정진의 과제

창준이는 3학년입니다. 엄마는 하교하자 마자 숙제부터 하라고 창준이를 다그칩니다. 창준이가 숙제하는 것이 못마땅할 때에는 엄마가 직접 숙제를 해 주기도 합니다. 그러니 숙제의 요소요소에는 창준이의 생각보다는 엄마의 생각이 많이 들어가 있지요. 그러던 어느 날부터인가 창준이는 모든 것을 엄마에게 일임하다시피 합니다. 그런 모습을 곁에서 지켜본 아빠는 못마땅해 합니다. 그러자 부부간에 종종 말다툼이 벌어졌습니다.

결론부터 말하면 초등학교 저학년의 경우 공부나 숙제는 엄마와 같이 하는 것이 바람직합니다. 아이가 방향을 잡지 못할 경우 방향을 잡아 주고, 숙제의 방식을 은근히 제시하며, 자발적으로 아이 자신의 생각을 담도록 표나지 않게 유도하는 것이 좋습니다.

고학년으로 올라갈수록 앞에서 아이를 잡아끄는 모습은 제한해야 합니다. 그럼에도 불구하고 숙제의 해결방법은 물론 답안까지 전부 안겨 주려는 부모들이 많습니다.

이는 매우 잘못된 지도방법입니다. 부모가 숙제를 대신 해 주거나 모범답안을 제시하게 되면 아이들은 숙제를 부모에게 위임하려 하거나 부모를 숙제 해결사로 인정해 버리게 됩니다. 이럴 경우 아이의 창의적인 사고력이 떨어지게 되고 의존적인 아이로 자라나는 발판이 되게 하지요. 교단에서 내 경험으로 보면 이렇게 말하는 아이들이 많습니다.

"엄마가 도와준다고 그랬는데 안 도와줘서 숙제를 못했어요."

"엄마가 준비물을 챙겨 주지 않았어요!"

다음은 아이들 스스로가 해결할 수 있는 수준을 고려한 숙제의 예시입니다.

◆ **저학년의 숙제 예시**

국어 : 제시된 글을 읽고 이어지는 글을 써 오시오.

슬기로운 생활 : 봄과 가을철의 차이점을 조사해 오시오.

바른 생활 : 교통질서는 왜 지켜야 합니까?

즐거운 생활 : 수영을 할 때 준비운동을 하는 이유는 무엇일까요?

◆ **고학년의 숙제 예시**

국어 : 주인공에 대한 자신의 생각을 1쪽 분량으로 써 오시오.

도덕 : 글을 읽고 본받을 점을 5가지 이상 써 오시오.

사회 : 각 나라의 건국 신화가 주는 의미가 무엇인가요?

과학 : 봄철 농부들의 활동 모습을 조사해 오시오.

미술 : 그림을 보고 감상문을 원고지 3매 분량으로 써 오시오.

음악 : 베토벤의 운명교향곡을 감상하고 느낀 점을 써 오시오.

실과 : 컴퓨터가 우리 생활에 주는 장점과 단점에 대해 알아 오
시오.

대개가 수학처럼 딱 떨어지는 명징한 답이 없는 숙제들이지
요. 그러니 스스로 해야 마땅하지 않습니까? 엄마가 아이들의 숙
제에 대해 지나친 간섭이나 안달하는 것은 자녀를 위해 결코 좋
은 일이 되지 못합니다.

> 숙제의 중요한 가치는 제 스스로 일을 해 보는 경험을 갖게 하는
> 데 있다. 그러므로 숙제는 이러한 가치를 가지고 아이의 능력을 측
> 정해 보는 것이다. 숙제를 자기 스스로 해 보는 데서 다른 일들도
> 남의 도움을 받지 않고 독립적으로 할 수 있게 된다. 숙제를 하는
> 데 부모가 직접적인 도움을 주는 것은 아무런 효과가 없다. 다만,
> 간접적으로 돕는 것이 필요하다.　　　●하임 기너트. 부모와 아이들 사이

숙제는 그야말로 아이의 창의적인 생각과 과제 해결 능력, 자
립심을 키우는 데 주목적이 있습니다. 그러기에 전적으로 부모가
해 주면 안 됩니다. 아이의 사고를 멍들게 하거나 멈추게 할 수
있기 때문이지요.

물론 방임도 금물입니다. 자녀가 스스로 문제를 해결할 수 없
을 때 조력자의 역할이 필요하기 때문입니다. 가령 교통질서를
왜 지켜야 하는지에 대한 답을 찾지 못하고 있다면 부모는 여러

사례를 들려주어 답을 찾도록 유도하여 도와주어야 한다는 것입
니다.

어쩌면 부처님께서 질문을 회피하신 것처럼 보일지 모릅니다.
그러나 속을 들여다보면 전혀 그렇지 않다는 사실을 알게 됩니
다. 만약 부처님께서 만동자의 질문에 답을 던졌다면 만동자는

피나는 정진을 하지 않았을 것이고, 따라서 아라한의 경지에 오르지 못했을 것입니다. 부처님께서 즉답을 하지 않으셨기에 그는 스스로 피나는 정진을 통하여 저 같은 모든 문제를 해결하였고, 아라한이 되어 크나큰 깨침의 반열에 오르게 된 것입니다.

숙제는 문제이고 넘어야 할 과제입니다. 아이들 스스로 넘어야 할 산이며 정진의 과제라는 거죠. 부처님께서 만동자에게 스스로 문제를 해결하게 하신 것처럼 부모도 아이들에게 스스로 문제를 해결할 수 있도록 해야 합니다. 저 만동자가 스스로 문제를 해결하여 아라한이 된 것처럼 아이들에게 세상을 살아갈 수 있는 능력을 키우는 수련과정이 숙제입니다. 숙제 하나 스스로 해결하지 못한다면 어디서 무슨 공부를 하며 무슨 책무를 완수하고, 어떻게 인생수행을 닦아 가며 어찌 자신을 깨달아 저 깨달음의 반열에 당당하게 끼일 수 있겠습니까? 아이에게 성공적인 인생을 기약하는 첫걸음이 숙제입니다.

부모는 마땅히 아이들 스스로가 문제에 정면으로 맞닥뜨릴 수 있도록 지켜만 볼 것입니다. 그러면 아이는 주인공에 대한 자신의 생각을 두 줄, 세 줄, 나아가 열 줄, 스무 줄로 피력해 나갈 것입니다. 이것이 '지켜봄 · 바라봄'의 교육이고 미학입니다.

자기비하는
실패를 낳는다

세계적인 곡예사 칼 발렌다. 그는 줄을 탈 적마다 성공을 거두었습니다. 두려움을 모르는 강심장의 사나이였습니다. "줄타기야말로 나의 진정한 인생이다"라고 말할 정도였으니까요.

그러나 그에게 불행이 찾아든 것은 1978년 미국의 자치령인 푸에르토리코의 공연장에서였습니다. 안타깝게도 그는 줄에서 떨어져 그만 목숨을 잃었습니다.

사고 직후 세간에서는 의견이 분분했습니다. 약물로 인한 사고라느니, 과로 때문이라느니, 심리적인 위압감 때문이라느니, 실수였을 거라느니, 온갖 추측이 난무했습니다. 그러나 정작 밝혀진 사고의 원인은 다른 곳에 있었습니다. 발렌다 아내의 말에 따르면 갑자기 공연 3개월 전부터 자기비하의 징후를 보이기 시작했다는 것입니다.

"이번 공연은 정말 잘 해내야 하는데, 잘 해낼 수 있을까? 공연 중에 떨어지면? 실수가 있으면 정말 안 되는데……."

회의를 품은 지 불과 3개월 후. 그는 마침내 공연장에 섰습니다. 아니나 다를까, 발렌다는 공연 도중 몸의 중심을 잡지 못하고 줄 아래로 떨어졌습니다. 이를 두고 학자들은 '발렌다 심리'라는 새로운 심리학 용어를 만들어냈습니다.

발렌다 이야기는 자기비하가 어떤 결과를 가져오는가를 극명하게 보여준 하나의 예입니다. 주변을 살펴보면 발렌다 심리로 몸을 옴츠리고 있는 경우를 많이 봅니다.

자동차 면허시험을 준비하고 있는 친구가 있었습니다. 그는 시험장에 갈 적마다 이렇게 말했습니다.

"이번에도 안 될 것 같아. 벌써 몇 번째야. 운전대만 잡으면 왜 그리 떨리는지……. 운전학원의 조교는 차라리 술을 두어 잔 먹고 시험을 보면 어떻겠느냐는 제안까지 하더군."

그의 딱딱하게 굳은 표정에서 얼마나 자신을 비하하고 있는지를 읽을 수 있었습니다.

"학원에서는 탈 없이 합격선을 넘고 있다고 그러지 않았는가? 차라리 자신을 버려 보게. '이번에는 꼭 합격해야지' 하는 마음을 버려 보란 말일세. '이번에 떨어지면 다음에 한 번 더 보지 뭘' 하고 긍정적으로 생각해 보란 말이야."

자기비하에서 벗어나게 하려는 격려는 성공했습니다. 시험이 끝나자마자 그는 기쁜 소식을 전했습니다.

"자네 덕에 합격이야! 마음을 비우니까 금방 붙었어!"

"바로 그거라네. 구하는 마음이 있으면 괴롭지만 마음을 비우면 뭐든지 성취할 수 있다네."

"자네 말이 맞아."

친구는 큰 소리로 맞장구를 쳤습니다.

　내가 사는 곳 인근의 아파트에서 한 여중생이 투신했습니다. 이 여학생의 경우 죽음을 택한 원인이 부모의 지나친 요구 때문이었다고 알려졌습니다. 부모의 요구에 부응하지 못한 그 학생은 자기비하에 이르게 되면서 죽음을 선택한 것입니다.

　앞의 이야기는 바로 자기비하를 극복해 낸 오바바 대통령의 에피소드입니다.

자기비하는 결코 겸손이 아닙니다. 자신감을 잃어버리게 하는 행위일 뿐입니다. 혹시 주위에 자기비하에 젖어 있는 사람이 있다면 오바마가 젊은 거지를 도와 자기비하에서 벗어나게 해 주었듯 마땅히 그렇게 도와 주어야 합니다. 어떻게 도울 것인가?

부처님의 거룩하신 은혜는 나의 생명과 우리 국토 온 세계에 넘치고 있습니다. 모든 중생이 부처님의 은혜로운 공덕을 받고서 태어났으며, 은혜로운 공덕을 받아쓰면서 생활합니다. 온 중생은 모두가 일찍이 축복받은 자이며, 일찍이 거룩한 사명을 안고 이 땅에 태어나서 거룩한 삶의 역사를 열어 가고 있습니다. 이와 같이 거룩한 광명과 은혜로 살고 있으면서 이 사실을 모르고 있는 자를 중생이라 하였습니다. 저들은 지혜의 눈이 없다 하기보다 착각을 일으켜 육체를 자기로 삼고, 듣고 보는 물질로써 세계를 삼으며, 거기서 얻은 생각으로 가치를 삼고, 그를 추구합니다. 그렇기 때문에 중생세계는 겹겹으로 장벽에 싸여 있고, 사람과 사람 사이는 막혀 있으며, 중생들은 헤아릴 수 없는 고통에 감겨 지냅니다. 이 모두가 미혹의 탓이며, 착각으로 말미암아 자기를 그릇 인정한 데에 기인합니다.

●광덕스님. 보현행자의 서원, 서분에서

생명의 실상에 대한 절절한 노래, 우리는 이 절절한 노래에서 해답을 얻을 수 있는 것이 있습니다. 일체중생 실유불성. "모든 생명이 부처님의 성품을 갖고 있다", 다시 말해 "일체 중생이 부처님과 동일생명이다"라는 것입니다.

마땅히 우리들의 자녀를 부처님 공덕생명의 주인공으로 믿을

것입니다. 모든 사람을 부처님과 동등한 불성생명, 법성진여의
생명, 부처님의 위덕과 위신력이 찬란히 부어지는 무한대의 공덕
생명임을 믿을 것입니다. 그리고 그렇게 바라볼 것입니다. 이미
구원되어 있는 생명, 이미 성불되어 있는 장엄한 파노라마의 생
명물결은 부처님께서 우리에게 보여 주신 진실입니다.

'발렌다 심리'에 젖어 있는 사람들. 이런 사람이 가까이에 있다
면 우리는 기꺼이 관세음보살이 되어 그들에게 다가서야 합니다.
진정한 보살은 대비를 몸으로 삼기 때문입니다.

가지가지 신통의 힘 구족하시며
지혜의 온갖 방편 널리 닦으사
시방세계 넓고 넓은 모든 국토에
거룩하신 그 몸을 두루 나투네.　　●묘법연화경 관세음보살보문품

성공으로 이끄는 수레바퀴

2학년이 끝나갈 무렵, 하준이는 3학년에서 배울 수학책을 넘기다 분수 단원에 눈을 멈추었습니다. '$\frac{1}{2}+\frac{1}{2}=1$'. 이 문제를 보면서 분자끼리 더하면 되는 것이구나 생각했습니다. '$\frac{1}{2}+\frac{1}{3}=\frac{5}{6}$'에 이르러선 분자끼리 더하는 것이 아니라는 사실에도 눈을 떴습니다. 그러나 아무리 생각해도 이유를 알 수 없었습니다.

질문을 받은 엄마는 "2학년이 3학년에 나오는 것을 벌써부터 알아서 무엇 하겠니!" 하면서 핀잔을 주었습니다. 하준이는 몸을 옴츠렸습니다. 좌절감을 맛본 것입니다. 그럼에도 하준이의 의문은 풀리지 않았습니다.

'수학이 왜 이렇게 어려운 거야. 왜 어떤 것은 위에 있는 수끼리 더하고 어떤 것은 왜 그렇지 않지?'

고민에 싸여 있을 때 아빠가 다가왔습니다.

"하준아, 열심히 풀어 보렴. 왜 그런가 하고 골똘히 생각해 보고. 해보다 안 되면 아빠가 가르쳐 줄게."

엄마에게 자존심이 상한 하준이는 낑낑대며 2학년에서 배운 구구단을 도움 받아 이유를 생각했습니다. 무릎을 친 것은 잠시 후, 보기 문제에서 그 이유를 찾아냈습니다.

이후로 하준이는 수학에 재능을 보이기 시작했습니다.

사람들은 좌절을 아주 싫어합니다. 낙심케 하고 의지를 꺾기 때문이라는 것입니다. 특히 아이들이 좌절의 길목에 서 있다는 것을 느꼈을 때 대개의 부모들은 그냥 두려 하지 않습니다. 자신도 모르게 아이를 도우려 하고 보호하려고 합니다. 가급적 손해를 덜 보게 하려고 이해득실을 따져 강제로 이끌고 가려 합니다. 그러나 여기에 함정이 도사리고 있는 것을 아는 부모는 많지 않습니다.

부모가 전적으로 아이의 문제를 해결해 준다면 아이는 실패와 좌절을 경험할 수 없게 됩니다. 실패와 좌절은 아이가 인생을 살아가며 맞닥뜨려야 할 인생의 한 과제이며 수행의 필수코스입니다. 실패와 좌절을 이기고 났을 때, 성취감과 자신감 그리고 문제 해결력이 한층 길러진다는 사실을 잠시도 잊어서는 안 됩니다. 한 순간의 고통을 면하게 하기 위해 부모가 아이를 막무가내로 보호하는 것은 과보호이고, 또 그것은 온실 속에 자라는 연약한 화초와 다를 바가 없게 됩니다.

교육학자들은 자녀교육에 있어 '좌절'도 훌륭한 교육임을 역설합니다. 좌절은 어려움을 딛고 새로운 세계로 도약할 수 있는 기회와 기틀을 제공하기 때문이지요. 아마도 삶에 있어 좌절이 없다면 삶의 의미와 새로운 도약을 위한 노력에 게으를지 모릅니다.

고려의 보조국사 지눌스님의 말씀입니다. 현재의 역경과 고난을 받아들이는 것, 그래야 삶에 대한 내구력이 강해집니다.

아이가 땅에서 넘어졌을 때 스스로 일어나도록 부모가 일으켜 세워 주지 말라고 합니다.

왜, 굳이 그렇게 해야 할까요? 아이가 넘어지는 시련을 통해 아이 스스로가 문제를 해결하고 노력하려는 의지를 키워야 하기 때문입니다. 이것은 좌절의 고통이 아니라 좌절극복 교육입니다. 넘어져 울고 있는 아이가 안타깝다고 하여 손을 잡아 일으켜 세워 주면 아이의 의존도는 점점 커지게 되고 자립심이 증장될 수 없게 되기 때문입니다. 아래의 말을 들어봅시다.

> 어려움, 실패, 좌절 등을 좋아하는 사람은 없다. 그러나 이것들은 객관적으로 존재하는 것이다. 자라나는 아이들에게 이것들은 소중한 재산이다. 나아가 이것들은 천재의 디딤돌이고 주춧돌이며, 인재를 길러내는 옥토이다. ●쟈따이훙. 자녀교육 베스트 클래식

"좌절은 아이들에게 소중한 재산이며 천재의 디딤돌이다. 인재를 길러내는 옥토이다."

그렇습니다. 실패와 좌절을 좋아하는 사람은 그 어디에도 없습니다. 그러나 실패와 좌절은 인간의 의지와는 상관없는 삶의 일

부분입니다. 부모가 보호해 준다고 좌절이 오지 않는 것이 아니며 좌절을 거부한다고 좌절을 겪지 않는 것도 아닙니다. 삶을 영위하는 동안에는 어쩔 수 없이 누구나가 겪지 않으면 안 될 성장의 필수과정이고 예비된 경험입니다.

지혜로운 사람은 좌절을 겪음으로써 성공을 예비합니다. '실패는 성공의 어머니'란 말이 있듯이 좌절과 실패에 낙망하지 않고 앞으로 나아갈 수 있도록 아이를 지도해야 합니다. 이것이 반야바라밀다般若波羅蜜多입니다. 반야바라밀다는 온 세상의 어둠을 일시에 척파하는 무한촉광의 빛입니다. 반야바라밀다의 광명 앞에는 어떤 실패, 좌절, 장애도 없습니다. 단지 나타났다 사라져 가는 일시적인 현상입니다.

나는 종종 사람들이 단 며칠만이라도 맹인이나 귀머거리가 될 수 있다면 좋을 것이라고 생각한다. 왜냐하면 맹인이 되면 시력의 중요성을 알게 될 것이고, 또 귀머거리가 되면 소리의 중요성을 알게 될 것이기 때문이다.

듣지도 못하고 말하지도 못하고 보지도 못했던 삼중고三重苦의 성녀 헬렌 켈러Helen Adams Keller의 말입니다. 7세 때부터 가정교사 설리번에게 교육을 받고, 1900년에 하버드대학교 래드클리프 칼리지에 입학하여 우등생으로 졸업한 헬렌. 불굴의 정신을 가진 헬렌을 보고 〈톰 소여의 모험〉을 쓴 마크 트웨인Mark Twain은 "마음의 힘, 정신의 힘으로 오늘의 영예를 차지한 것이다"라는 찬사를 보냈습니다. 좌절을 극복한 그녀의 노력과 정신력은 전 세계의 장애인들에게 큰 희망을 주었고 빛이 되어 우리의 가슴속에 생생히 남아 있습니다.

아마도 헬렌에게 좌절과 고난이 없었다면 세상 사람 모두가 우러르는 성녀의 모습으로 역사의 길목에 우뚝 서지는 못했을 것입니다.

"현명한 사람은 좌절을 극복하고 희망을 포기하지 않는다. 결정된 것으로 생각하지 않는다."

부처님의 이 말씀처럼 지혜 있는 부모는 좌절극복 교육이 오히려 아이를 성공으로 이끄는 바로미터라는 사실을 잘 알고 있습니다. 좌절은 질곡의 섬에서 탈출을 이끄는 빛의 수레바퀴이기 때문이지요. 그러기에 우리들은 좌절 속에서 인생의 의미를 얻고 깨달음을 얻으며 자녀교육의 새로운 지평을 열어 가는 것입니다. 번뇌 없는 보리菩提(깨달음)가 있을 수 없듯 좌절과 절망이 없다면 삶의 진정한 의미를 모르게 되고, 깨달음을 향한 절절한 정진에 소홀할지 모를 일입니다.

아이에게 좌절극복 교육을 통해 세상을 바로 보는 눈을 가질 수 있도록 하는 부모. 부처님께서는 간절하게도 이런 부모, 이런 선지식이 될 것을 우리에게 가르치시고 부촉하십니다. 부처님이 아들 라훌라Rahulla를 엄격히 대하신 것은 자녀를 온실 속에서 키워서는 안 된다는 것을 보여 주신 부모로서의 대비의 모습이 아니었겠습니까?

부처님의 행적을 생각해 보더라도 부모의 길은 정녕 대비의 길이고 보살의 길이며 아무런 대가를 바라지 않는 인욕바라밀다忍辱波羅蜜多의 길입니다.

좌절 없는 성공은 없다

또한 좌절은 삶의 한 과정입니다. 좌절을 경험하는 것은 긴 인생의 여로에서 큰 자산을 마련하는 일과 같아서 어쩌면 반드시 필요한 일이라고 봅니다. 사람은 누구나 부모의 우산 속에서 영원히 살 수가 없기 때문입니다. 그러므로 아이 스스로 좌절을 이겨낼 수 있는 내부의 힘을 어릴 적부터 키워 주지 않으면 안 됩니다.

저 식물을 보세요. 온실 속에서 어려움을 모르고 자란 식물은 웃자라고 바람만 불어도 곧 부러질 것같이 나약합니다. 그러나 자연환경 속에서 어려움을 극복하며 자란 식물은 튼튼합니다.

식물이 어려움을 많이 겪을수록 뿌리를 튼튼하게 땅에 박고 건강하게 자라듯 아이들도 정신적인 어려움을 많이 경험할수록 거친 세파를 이겨낼 수 있는 힘을 얻게 됩니다. 자라면서 때로는 실수하고 낙담하고 좌절하는 모든 과정을 크게 보면 훗날 그의 인생을 성공시키고 행복한 삶을 약속하는 인생수행의 한 과정입니다.

고난은 어려움을 이겨낼 수 있는 힘을 줍니다. 좌절 없는 성공은 없기 때문입니다. 노력하는 과정에서 만나는 좌절과 실패는 오히려 자양분처럼 생명가치를 한층 드높여 주는 비료입니다.

좌절은 '동기 혹은 목표의 성취나 욕구의 충족이 이루어지지 못한 결과로 생기는 주관적 경험'이라고 학자들은 정의합니다.

사회적 · 신체적 · 정신적 · 경제적 · 심리적 요인 등에 기인되는 좌절은 사람에 따라 각기 다른 생리적 반응을 보입니다. 어떤 사람에겐 힘으로 승화되기도 하고 어떤 사람에게는 견딜 수 없는 고통fain과 슬픔Sorrow으로 돌아오기도 합니다. 또 어떤 사람에게는 공격적인 행위나 정신적 고착fixed idea 또는 퇴행regression으로 나타나기도 합니다. 심할 경우 우울증을 유발한다는 보고도 있습니다.

이런 안 좋게 나타나는 여러 보고들은 어릴 적 좌절을 극복할 힘을 축적하지 못한 데에 기인하고 있습니다. 실례로 우리나라를 떠들썩하게 만든 생명복제 황○○ 박사, 아마도 이 사람만큼 좌절을 경험한 사람도 드물 것입니다. 그러나 그는 혹독한 좌절 속에서 다시 일어서고 있습니다. 따가운 각종 매스컴과 일부 국민의 멸시에 찬 증오의 눈초리를 딛고 그는 연구 재개를 위한 모색을 하고 환자들에게 희망을 주고 있다는 소식이 들려옵니다. 보통 사람의 의지라면 상상도 못할 좌절의 늪에서 말이지요. -

좌절이 결코 나쁜 것만은 아니다. 중요한 것은 그 좌절을 대하는 태도이다. 좌절은 소극적인 정서를 만들고 심리적인 장애를 불러 일으키기도 하지만 그 사람의 의지를 단련시켜 분발해 앞으로 나아가게 할 수도 있다.

다섯 단계의 욕구계층이론hierachy of needs으로 유명한 미국의 심리학자 매슬로우Abraham Maslow의 주장입니다. 매슬로우는 1단계인 생존의 욕구가 충족되면 2단계로 안정의 욕구를 추구한다고 주장했습니다. 이 안정의 욕구는 좌절과 실패를 기반으로 하고 있다는 거지요. 좌절과 실패 속에서 인간은 더욱 성장하며 성숙되어 갑니다. 시인의 노래 속에서도 이 점이 잘 드러나 있습니다.

한 송이의 국화꽃을 피우기 위해
봄부터 소쩍새는
그렇게 울었나 보다.

한 송이의 국화꽃을 피우기 위해
천둥은 먹구름 속에서
또 그렇게 울었나 보다.

- 중략 -

노오란 네 꽃잎이 피려고

한 송이의 국화꽃을 피우기 위해 봄부터 '소쩍새'가 울고 '천둥'이 치고 '무서리'가 저리 내렸듯 좌절과 실패는 진정한 성공을 가져다주는 보살이 될 씨앗입니다. 그러기에 좌절은 옥토이며 아이들의 재산이며 아름다운 집을 짓기 위한 주춧돌입니다.

번뇌 없는 보리는 없습니다. 실천수행 없는 깨달음은 없습니다. 중생 없는 부처가 없습니다. '번뇌가 보리요, 중생이 부처'라는 말처럼 좌절은 용기이고 희망이고 성공이고 기쁨이고 성장이고 성숙으로 가는 관건입니다.

부모는 적어도 아이가 좌절과 실패에 맞닥뜨려 있을 때 분연히 일어서게 가르쳐야 하고, 이를 극복할 수 있는 지혜를 길러 주어야 하며, 이만한 인생수행이 없다는 사실을 일깨워 줘야 합니다. 이것이 정진바라밀다精進波羅蜜多입니다.

좌절이나 실패는 영원한 것이 아닌 일시적으로 나타나는 한때의 현상입니다. 본래 어둠은 없습니다. 본래 좌절은 없습니다. 성숙으로 나아가야 할 빛나는 과업만 있습니다. 빛 한 줄기가 비춤과 동시에 어둠은 온 곳 없이 간 곳 없이, 일시에 사라지고 맙니다.

행복한 일을 생각하면 행복해진다. 비참한 일을 생각하면 한없이 비참해진다. 무서운 일을 생각하면 무서워진다. 질병을 생각하면 병이 들고 만다. 실패에 대해 생각하면 반드시 실패한다. 자신이 자신을 스스로를 불쌍히 여기고 헤매게 되면, 그는 틀림없이 남에게 배척당하게 된다.

● 데일 카네기Dale Carnegie, 미국의 사업가

아이의 강점재능 찾아 주기

우리의 아이들에겐 아름다운 꿈이 있습니다. 그 꿈을 어떻게 이루어 나가느냐 하는 것은 아무도 알 수 없습니다. 분명한 사실은 우리 아이들의 지능은 진화하고 개성과 꿈은 무한히 변화하고 발전해 간다는 사실입니다.

아이가 의사나 변호사가 되겠다고 하면 대개의 부모들은 흡족한 미소를 짓지만 환경미화원이 되겠다고 하면 그렇지 않을 겁니다. 그래서 아이는 부모의 표정을 읽고 부모의 틀에 맞게 눈치껏 진로를 수정하기도 하고 꿈을 바꾸기도 합니다.

'이것이 과연 좋은 현상일까요?' 대답은 아니라는 것입니다. 아이들 각자는 나름대로 재능을 갖고 있습니다. 부모가 아이의 재능에 반하는 주문을 하게 되면 아이의 성공확률은 낮아집니다. 생각해 보세요. 성공을 위해서는 많은 노력을 기울여야 하는데 싫어하는 분야에 노력을 쏟기란 여간 쉽지 않은 일이니까요. 어른도 어려운 일일 겁니다.

　그래서 중요한 것은 아이가 갖고 있는 지능 중에 강점이 무엇인가를 파악하는 일입니다. 이 강점지능을 통해서 아이는 방황하지 않고 자신의 꿈을 이루어 갈 것입니다.

　아이의 강점지능을 발견하기 위해서는 부모의 세심한 관찰이 필수적입니다. 유전적으로 강점지능을 가지고 태어난 경우도 있지만, 환경 요인에 따라 강점지능이 변화 발전될 수도 있기 때문이지요. 가령 부모가 음악 감상을 즐기게 되면 아이도 그 환경에 젖어 음악 감상에 호기심을 보일 가능성이 높다는 것을 간과해서는 안 됩니다.

　부모는 아이의 질문에 진지하게 귀를 기울이고 아이가 관심을 기울이고 있는 영역에 적극적인 관심과 뒷받침을 해 주어야 합니다. 이렇게 되면 자존감Self-esteem이 높아지게 되고 그만큼 아이는 자신의 행복한 진로를 스스로 찾아가 선택할 수 있습니다.

　연구 결과에 의하면 자존감은 아이의 미래 인생성패를 좌우할 정도로 심대한 영향을 주는 것으로 알려져 있습니다. 그러나 이 자존감은 부모나 아이 스스로 어떤 인식을 갖고 있느냐에 따라 달라집니다.

　미국의 한 병원에서 실험한 예를 살펴봅니다.

　산모에게 아기가 태어나면 언제부터 주위를 인식할 수 있겠느냐는 물음에 응답자의 13%가 '태어나자마자'라고 응답했다. 36%는 생후 2개월, 나머지는 1년 후라고 응답했다. 이 세 가지의 대답에 따라 4개월, 8개월, 12개월째 각 가정을 방문하여 조사하였는데, '아기가 태어나자마자'라고 응답한 산모가 어머니인 경우가 다른 아이들에 비해 발달 정도가 현저히 앞섰다.

이 실험 결과는 엄마가 아기를 대하는 기대수준에 따라 상황이 달라짐을 말해 주고 있습니다. 출생 직후부터 아이에게 말을 걸고 미소로 대화하는 등 지적 자극을 준 경우, 아이의 발달이 훨씬 빨랐음을 실험을 통해 입증한 셈입니다.

아이들의 재능은 성장하면서 발달되기도 하고 변화되기도 합니다. 그래서 아이의 소질과 재능을 발견해 내려면 어릴 적부터 부모의 세심한 관찰이 필수적입니다. 결코 소홀히 할 수 없는 이 일을 위해서 부모는 여러 가지 노력을 기울여야 합니다.

부모는 아이의 글짓기, 노래 부르기, 만들기, 수영하기, 조립하기, 뜨개질하기, 그림 그리기, 관찰하기, 식물 가꾸기, 축구하기, 연극하기, 연주하기 등 다양한 경험 속에서 아이의 재능이 어느 분야에서 도드라지는가를 세심하게 관찰할 필요가 있습니다.

앞서 우리는 미국의 심리학자인 하워드 가드너Howard Gardner 의 다중지능이론多重知能理論, multiple intelligence theory을 공부한 바 있습니다. 8가지 지능으로 요약되는 이 지능이론은 사람들에게 많은 희망과 용기를 주었습니다.

일기를 잘 쓰고 이해력이 뛰어난 아이는 언어 지능, 운동에 소질이 많은 아이는 신체운동 지능, 식물 가꾸기를 즐겨하는 아이는 자연친화 지능이 높다는 것입니다.

그런데 지능이 높은 것은 하나의 신체기호일 뿐입니다. 지능이 높다고 해서 성공이 저절로 이루어지는 것은 아니니까요. 언어

지능이 높은 아이의 경우 소설을 쓰고 평론을 잘 쓰기도 하지만, 자칫 이상주의자, 공상가로 전락할 수도 있을 테니까요.

그러므로 아이에게 지능을 일깨워 주는 일도 중요하지만 그 지능을 가지고 세상을 어떻게 살아가고 미래를 어떻게 설계하게 하느냐가 더욱 중요한 일입니다.

우선 아이의 재능을 제대로 파악하기 위해서는 부모의 세심한 관찰이 필요함은 앞에서도 살펴보았습니다. 이런 측면에서 본다면 육아일기는 단순하게 습관적인 상황을 기록하는 것이 아니라 아이의 성장을 세심하게 관찰하는 관찰일기가 되어야 하기에 아이의 재능과 특기를 파악해 내는 데 좋은 자료가 될 수 있습니다.

아이의 미래는 부모가 결정하는 것이 아니라 아이 스스로가 결정하는 것입니다. 미래에 대한 결정은 부모 몫이 아니고 아이 스스로의 몫이라는 것이지요. 부모는 단지 아이가 현명한 선택을 할 수 있도록 관찰결과를 제시하고 조력해 줄 뿐입니다.

> 부모는 다섯 가지로 자녀에게 경친敬親해야 한다.
> 첫째, 자녀를 제어하여 악을 행하는 것을 용서하지 않는다.
> 둘째, 가르치고 일러 주어 착한 것을 보여 준다.
> 셋째, 자애로움이 뼛속 깊이 스며들게 한다.
> 넷째, 선한 짝을 구해 준다.
> 다섯째, 때에 따라 그 쓰임을 더해 준다.　● 장아함경

부처님은 자애로움이 뼛속 깊이 스며들도록 해야 한다고 이르

십니다. 아이의 재능을 찾아 주어 부모가 이 세상을 떠나더라도 재능에 알맞은 직업을 갖고 당당히 살 수 있도록 만들어 주라고 하십니다.

아이를 행복하게 살게 하고 성공시키는 비결은 부모가 아이의 숨은 재능을 찾아 주는 일입니다. 그러기에 어릴 때부터 아이를 가장 가까이서 지켜본 부모의 관찰은 아이에게 가장 큰 자산이 될 것입니다.

아이만이 별나라에
갈 수 있다

"우리 오늘은 우주에 대한 이야기를 해 볼까?"

"좋아요. 선생님!"

"사람이 달에 갔다 온 사실은 알고 있지?"

선생님은 최초로 달에 발을 디딘 미국의 우주인 암스트롱Neil Armstrong에 대한 이야기를 해 주었습니다. 아이들은 신기한 듯 귀를 쫑긋 기울였습니다.

"그러면 별나라는?"

"가 본 사람이 없을 걸요?"

"맞아, 별 나라를 가본 사람은 아직 없지. 별나라는 가는 데만 엄청난 세월이 걸리거든. 어쩌면 영원히 갈 수 없을지도 몰라."

"영원이 못 가다니요?"

"우리가 볼 수 있는 별들은 그 빛이 몇 광년, 몇 십 광년 또는 그 이상을 거쳐 내려온 것들이거든."

선생님은 빛이 1년 동안 가는 거리가 1광년임을 설명하고, 빛은 1초에 30만km, 그러니까 지구를 일곱 바퀴 반 정도의 거리를 달려간다고 말해 주었습니다. 그래도 아이들의 눈은 여전히 반짝였습니다. 그때 성호가 자리에서 벌떡 일어났습니다.

"선생님, 달에도 갔는데 별이라고 못 간다는 것은 말도 안 돼요."

"갈 수 있다고?"

"예, 로켓에 먹을 것을 잔뜩 싣고 남자 여자를 태우는 거예요. 남자 여자가 결혼하여 아기를 낳고 그 아기가 커서 결혼하여 아기를 낳으면 갈 수 있잖아요."

"오, 그래!"

선생님이 고개를 끄덕이자 성호는 어깨를 으쓱했습니다.

어른들의 입장에서 보면 터무니 없고 황당한 생각이지요. 그러나 아이들의 세계에서는 가능한 일입니다. 아이들의 사고력은 어른들처럼 꽉 막혀 있지 않으니까요. 이때 만약 "그걸 답이라고 하냐?"라고 말했다면 성호의 사고력은 그만 싹둑 잘라져 나갔을 것입니다.

아이들은 어른이 생각할 수 없는 정신세계를 가지고 있습니다. 아이들 모두가 매우 유연한 사고를 지닌 천재들이니까요. 그런데도 그들이 모두 천재로 성장하지 못하는 것은 바로 어른들 때문입니다. 과학적 사실과 논리적 사고로 단단히 무장하고 있는 어른들 앞에서는 아이들의 천재성이 번번이 무시됩니다. 서점과 도서관에 꽂혀 있는 동화童話의 세계를 어른들은 이해하지 못하니까요.

아이들은 그 작은 눈으로

큰 눈을 가진 어른보다 더 많은 것을 본다.

아이들의 두 눈 속에는 세계를 얻어내는

호기심이 반짝이고 있다.

어른들이 초원을 볼 때

아이들은 그 속에서 작은 칠성무당벌레가 앉아 있는

풀줄기를 본다.

어른들이 숲을 볼 때

아이들은 나무 잎사귀와 꽃봉오리와 하늘가재를 본다.

어른들이 호수를 볼 때

아이들은 작은 올챙이와 소금쟁이를 본다.

어른들이 하늘을 볼 때

아이들은 새들과 구름 속에 새겨진 환상의 궁궐을 본다.

아이들은 그 작은 눈으로

큰 눈을 가진 어른들보다 더 많은 것을 본다.

●레르다 레르느. 아이들이 보는 것

이 시를 읽노라면 "아하!" 하는 감탄사가 절로 튀어 나오게 됩니다. 나는 교단생활을 오랜기간 했지만 이 시를 읽을 때마다 새롭게 감탄을 하곤 합니다. 아이들은 별나라에 갈 수 있지만 어른들은 별나라 갈 수 없는 이유가 바로 여기에 있기 때문입니다.

제발이지 우리 어른들은 저 아이들을 정형화된 어른의 틀에 가두려 해서는 안 됩니다. 결코 틀에 가두려 하지 마세요. "응, 그래" 하면서 바라만 보세요. 그냥 바라보는 것만으로도 아이를 천재로 키울 수 있습니다.

> 어린이는 모두 시인입니다.
> 본 것, 느낀 것을 그대로 노래하는 시인입니다.
> 고운 마음을 가지고 아름답게 보고, 아름다운 말로 흘러나올 때,
> 나오는 것 모두가 시가 되고 노래가 됩니다.
> 무지개를 보고 '하느님의 딸이 오르내리는 다리'라고 하는 것처럼.

어린이의 아버지, 소파 방정환 선생의 말입니다. 아이들의 입에서 나오는 노래는 모두가 시입니다. 아이들의 머리에서 나오는 생각은 동화이고 과학이고 철학입니다. 그러기에 아이 모두는 천재입니다. 어른은 별나라에 갈 수 없지만 아이들은 별나라에 갈 수 있습니다.

> 부처님께서 사리불에게 말씀하셨다.
> "사리불아, 네 뜻에 어떠하냐? 해와 달이 어찌 깨끗하지 않겠느

냐? 그런데 장님은 보지 못하는구나!"

사리불이 말했다.

"그것은 장님의 허물이지 해와 달의 허물이 아닙니다."

부처님께서 말씀하셨다.

"사리불아, 불토는 항상 깨끗하다. 이를 보지 못함은 네 자신이 마음이 깨끗하지 못함에서다."

● 유마경

해와 달은 아이, 장님은 어른에 비유할 수 있습니다. 아무리 해와 달(아이)이 깨끗하고 밝아도 장님(어른)은 보지 못합니다. 이는 해와 달의 허물이 아니라 장님의 허물입니다.

모든 아이들에게는 천재성이 있습니다. 천재로 대해야 합니다. 그럼에도 그 사실을 모르는 부모가 있습니다. 인간은 영원히 별나라는 갈 수 없다고 말하는 부모가 바로 그들입니다. 그런 부모 밑에서 자라는 아이는 안타깝게도 영영 별나라에 갈 수 없을지 모릅니다.

Part 8

변화하는 부모

● 부모가 아이를 변화시키려 해도 아이는 좀처럼 변화되지 않습니다. 아이는 아이만이 꿈꾸는 세계가 있기 때문입니다. 교육은 이것을 전제로 출발합니다. 아이를 변화시키려 한다면 부모가 먼저 변해야 한다고 가르칩니다.

● 작은 태도 하나가, 작은 경험 하나가 인생의 삶을 결정하기도 합니다. 같은 조건 하에서 어떤 아이는 성공을 거두기도 하고 어떤 아이는 좌절을 배우기도 합니다.

부모가
변해야 한다

6학년이 되자 현수의 도벽은 절정에 달했습니다. 친구들을 데리고 자기 집의 문을 열고 가족 몰래 돈을 훔쳤습니다. 이뿐만이 아닙니다. 마을의 어느 가정집에 몰래 들어가 금붙이를 훔쳐다 팔기도 했습니다. 그러던 어느 날, 다른 집에 침입하다 붙잡히고 말았습니다. 결국 경찰에 넘겨지고 추궁 끝에 모든 죄를 다 털어놓았습니다. 담임교사는 인계서를 쓰고 현수를 경찰서에서 데리고 나와 가족에게 인계해 주었습니다.

'현수는 왜 이런 일을 반복할까?' 담임교사는 그 원인을 찾기 위해 가정환경을 들여다보았습니다. 아빠는 공장의 근로자, 엄마는 목욕탕에서 다른 사람의 청결을 돕는 직원. 현수의 용돈은 거의 전무했고 늘 부모의 관심 밖에 있었습니다. 항상 혼자 지내야 하는 현수는 컴퓨터 게임으로 오후 내내 시간을 보내는 경우가 많았습니다.

담임교사는 부모가 어릴 적부터 현수를 방치했고 지나치게 인색하게 키운 것이 도벽으로 이어졌다는 것을 확인했습니다.

도벽도 일종의 정신병입니다. 이를 충동조절장애obsessive-compulsive disorder라 부르는데, 국민건강보험의 조사결과를 보면 해마다 이 증세를 갖고 있는 사람이 증가하고 있습니다. 어쩌면 현대문명이 가져온 총제적인 부작용이지요.

그럼 충동조절장애는 왜 생길까요? 정신분석학자들은 비정상적인 가정환경과 선정적인 미디어 환경을 대표적인 이유로 꼽습니다.

현수의 경우, 정신분석학자들이 지적한 두 가지 경우에 모두 들어가 있습니다. 가정환경이 정상적이라고 보기 어렵고 부모로부터 무관심의 대상이었습니다. 컴퓨터 게임이나 매스미디어 환경에 노출된 온갖 것들 역시 현수에게 영향을 주었습니다. 이런 요인들을 교육학에서는 잠재적 교육과정hidden curriculum이라 부릅니다. 학교에서 배우는 표면적 교육과정dormant curriculum 못지않게 잠재적 교육과정은 아이들의 인격과 성격, 또래집단의식, 도덕성, 자아존중감 등에 그대로 투입되어 큰 영향을 끼칩니다. 다음은 정상아 수십 명을 실험 대상에 올린 결과를 요약한 것입니다.

하나의 오뚝이 모양의 큰 고무공을 한 성인이 장난감 칼로 찌르고 두들기는 모습을 보여 준 다음 여러 명의 아이들을 실험실에 차례로 투입합니다. 이를 보고 투입된 아이들은 하나같이 칼로 찌르고 두들기고 걷어찼습니다.

이번에는 그 물체를 끌어안고 즐거워하는 모습을 보여 준 다음 실험실로 보냅니다. 이를 보고 들어간 아이들은 모두 고무공을 끌어안고 즐거워합니다.

마지막으로 그 물체에 관심을 보이지 않고 옆의 책이나 컴퓨터 등과 같은 주변 환경에 관심을 두는 모습을 보여 줍니다. 이를 보고 실험실로 들어간 아이들은 자신의 옆에 장난감 칼과 고무공이 놓여 있는데도 전혀 관심을 보이지 않고 컴퓨터와 책에만 관심을 보였습니다.

● EBS(www.ebs.co.kr), 아이의 사생활 2부, 도덕성

모사행동을 실험한 이 사례는 눈으로 본 것을 그대로 자신의 행동에 옮기며 내면화시킨다는 사실을 증명하고 있습니다. 즉, 본 대로 한다는 것입니다.

도벽성은 이런 배경 하에 이루어집니다. 이런 바탕 하에 학문적인 정립을 시도한 학자가 콜버그Kohlberg입니다. 콜버그는 도벽성이 옳지 않다는 판별을 할 수 있는 도덕성의 발달단계를 3개의 수준으로 나누어 설명합니다.

첫 번째 수준이 전인습 수준pre-conventional reasoning입니다. 보통 9세 이전의 아동 수준으로 도덕적 판단이 자기 자신이 아닌 외부의 보상이나 처벌에 의해 결정된다고 생각합니다.

두 번째 수준은 인습 수준conventional reasoning입니다. 대부분의 청년과 다수의 성인이 이 수준에 있는데 이는 사회 관습에 잘 따른 것이 도덕적이라는 신념을 갖고 있습니다.

세 번째 수준은 후인습 수준post-conventional reasoning으로 도덕적 수준의 최상승 수준으로 법이나 관습보다는 내면화된 개인의 가치기준을 더욱 우선시하는 단계입니다.

이 같은 사실에 직접적인 영향을 주는 것이 무엇일까요? 학자들은 세 가지를 꼽고 있습니다. 부모의 양육태도, 또래의 영향, 대중매체의 영향입니다. 어쩌면 이 세 가지는 아이들의 행동발달에 전 방위적으로 영향을 준다고 볼 수 있겠지요.

하워Hower라는 학자는 부모가 수용적일 때 아동의 도덕성이 잘 형성되어 도벽성과 같은 도덕성이 개선된다고 말하고 있습니다. 반면 엄격하고 통제적이며 비수용적일 경우엔 부정적인 영향을 준다고 주장합니다.

이 연구 결과가 의미하는 것은 무엇일까요? 부모는 마땅히 자녀의 동반자가 되어야 함을 역설하고 있는 것입니다. 동반자가 무엇입니까? 꽃을 바라보듯 바라보는 것입니다. 바라보다 그것이 아니다 싶을 때 살짝 도와주는 것입니다. 혹 자녀가 비정상적인 행동을 보일 경우가 있다면 인내심을 갖고 지켜보다 그것이 아닐 때, 동반자 내지는 조력자로 나서야 한다는 뜻입니다. 그러나 무엇보다 중요한 것은 부모가 먼저 변해야 한다는 것입니다. 부모가 변하지 않고서는 아무것도 성취할 수 없습니다.

내가 변하면 세상이 변한다

어느 법회의 슬로건입니다. 내가 변해야 세상이 변한다는 이

법문은, 상대를 바꾸고자 하지 말고 내 자신을 먼저 변화시키라
는 메시지가 들어 있습니다. 다시 말해 아이를 변화시키려 한다
면 부모가 먼저 바뀌어야 한다는 법문이지요.

내가 젊고 자유로워 상상력의 한계가 없던 때
나는 세상을 변화시키겠다는 꿈을 가졌었다.
그러나 좀 더 나이가 들고 지혜를 얻었을 때
나는 세상이 변하지 않으리라는 것을 알았다.

그래서 나는 내 시야를 좁혀
내가 살고 있는 나라를 변화시키겠다고 결심했다.
그러나 그것 역시 불가능한 일이었다.

황혼이 되었을 때 나는 마지막 시도로
나와 가장 가까운 내 가족을 변화시키겠다고 마음을 정했다.
그러나 아아, 아무것도 달라지지 않았다.

이제 죽음을 맞이하기 위해 자리에 누운 나는 문득 깨닫는다.
만약 내가 내 자신을 먼저 변화시켰다면
그것을 보고 가족이 변화되었을 것을
또한 그것에 용기를 내어 내 나라를
더욱 좋은 곳으로 바꿀 수도 있었을 것을,

그리고 누가 아는가?

영국의 어느 주교의 묘비명이라고 알려져 있는 이 글은 내가 변해야 가족이 변하고, 이웃이 변하고, 마을이 변하고, 나라가 변하고, 세상이 변한다는 사실을 절절히 웅변하고 있습니다.

좀처럼 변화하려 하지 않은 완강한 부모들, 인류의 영원한 스승이신 부처님은 부모들에게 잔잔한 목소리로 법문을 주십니다.

무지의 때를 씻어 버리지 않으면 영혼의 새벽은 오지 않는다.

●법구경

처음에는 괴롭지만 나중에는 기쁨이 있다

성공한 사람들을 살펴보면 유년기에 뛰어난 자립 능력을 갖고 있는 경우가 대부분입니다. 그들은 자신이 부닥친 문제들에 철저히 맞닥뜨리며 풍부한 인생의 경험을 쌓았습니다. 이 경험이 그들을 성공으로 이끄는 데 원동력인 지혜가 되었습니다.

지영이는 지인에게 국립중앙극장 오페라 공연 입장권을 얻었습니다. 시간을 확인하고 지하철역으로 달려갔지만 입장권을 책상 위에 두고 온 것이 생각났습니다.

"엄마, 나 공연장 입장권을 집에 두고 왔는데 좀 갖다 주면 안 될까? 그렇지 않으면 공연장에 못 들어갈지 몰라."

지영이는 엄마에게 전화를 걸어 부탁했습니다.

"네가 얼마나 난감해 하는지 알고 있단다. 그러나 엄마는 너에게 티켓을 갖다 줄 만큼 시간이 넉넉하지 못하다는 것을 알고 있지? 엄마도 할 일이 많거든."

"그럼 가지 말라는 이야기야?"

"이런 일이라면 네 스스로 일을 해결해야 하지 않겠니? 방법을 찾아 보렴."

엄마는 냉정하게 전화를 끊었습니다. 도움을 얻지 못한 지영이는 자신의 과실을 탓하며 해결 방법을 찾기로 했습니다. 그러나 해결 방법이 쉽게 생각나지 않았습니다.

할 수 없이 포기하고 시내버스를 타고 집으로 돌아오는 중이었습니다. 그 순간입니다. 번뜩이는 해결 방법이 떠오른 것입니다. 공연 입장 시간을 연기해 들어가는 방법을 찾아보기로 한 것입니다. 지영이는 국립중앙극장에 전화를 하였고 다행히 시간을 늦출 수 있었습니다.

이 과정에서 엄마는 지영이가 스스로 일을 해결하도록 도왔고 (일깨움) 지영이는 이 해결방안을 찾는 데 골몰하느라 누굴 탓하거나 원망하지 않았습니다. 그럴 겨를도 없었던 거지요. 자신의 부주의가 어떤 결과를 불러왔는지에 대한 반성과 함께 자신의 일은 스스로 책임을 져야 한다는 사실만을 깨달았을 뿐입니다.

자신의 일은 자신이 책임을 져야 하는 것은 너무나 당연합니다. 매사에 그렇습니다. 자녀교육에 있어서도 마찬가지입니다. 지영이의 부주의는 엄마가 책임져야 할 일이 아닌 만큼 스스로 문제를 해결할 수 있도록 이끌어 주어야 합니다. 항상 남에게만 의지하려고 한다면 일생 동안 남에게 의탁하지 않고 살아갈 수 있는 자력의 힘은 영영 나오지 않겠지요.

아이들은 어릴 적부터 자립성이 절대 필요합니다. 무한경쟁 사회에 살아남고 적응해 가기 위해서는, 비바람을 막아 주는 큰 나

무의 밑에서 자라는 나약한 초목이 되어서는 안 됩니다. 지구환경에 잘 적응하는 종만이 지구에서 살아남을 수 있습니다. 적자생존適者生存, survival of the fittest 이라 부르는 이 이론은 다윈C. Darwin의 진화론의 큰 줄기가 될 만큼 지대한 영향을 끼쳤습니다. 가혹하리만큼 엄격한 적자생존이 현실입니다.

얼마 전 목격한 일이 있습니다.
갓 돌이 지난 아이가 돌계단을 오릅니다. 한 계단을 오르고 엄마를 쳐다보고, 또 한 계단을 오르고 엄마를 쳐다봅니다. 한 계단 한 계단을 오를 적마다 엄마는 아이와 미소로 눈맞춤만 하였습니다. 아이의 옷은 흙투성이가 되었고 손에는 때가 꼬질꼬질 묻었습니다. 얼굴은 땀으로 범벅이 되었습니다. 아이는 연신 스스로 올라온 계단과 엄마를 번갈아 쳐다보며 환한 미소를 지었습니다. 계단을 다 올라오자 "아가야, 힘들었지?" 하면서 엄마는 아기에게 다가가 꼭 안아 주었습니다.

사람은 일생을 살아나가는 데 있어 올라가야 할 수많은 계단이 있습니다. 이 계단을 올라가는 방식은 각기 다릅니다. 부모의 손을 잡고 올라갈 수도 있고, 스스로 올라갈 수도 있으며, 부모가 안아서 올려 줄 수도 있습니다. 그러나 올라가는 곳은 같지만 아이에게 미치는 영향은 각기 다릅니다. 부모가 계단을 어떻게 올라가게 하느냐에 따라 아이는 의존적 성격을 형성할 수도 있고 자립적인 성격을 형성할 수도 있습니다.

어려움을 이겨내지 못한 온실 속의 화초는 자연에서 자란 화초에 비교할 수 없을 정도로 나약합니다. 사회에 진출하여 어떤 인물이 되느냐 하는 것은 계단을 어떻게 올라가게 하느냐 하는 방식에 달려 있다고 해도 과언이 아닙니다. 미국의 부모들은 대부분 아이가 계단을 오르려 할 때 도와주지 않는다고 합니다. 그러나 우리나라의 부모들은 아이가 발을 내딛기 전에 올려 줄 마음부터 먹는다고 하면 지나친 속단일까요?

며칠 전 학교운동장에, 할머니와 갓 돌을 넘긴 여자 아이가 왔습니다. 아이는 혼자서 웃음을 머금으며 이리저리 돌아다니다간 간간히 할머니의 위치를 확인하곤 했습니다. 그 과정에서 아이는 몇 차례나 넘어졌다가 일어나곤 했습니다. 할머니는 가만히 지켜보기만 했습니다. 그러다 아이의 기력이 소진돼서야 아이를 안고 교문을 나갔습니다.

계단은 아이 스스로 오르게 해야 합니다. 아무리 힘든 계단이라도 마냥 도와주는 것은 바람직하지 않습니다. 넘어졌을 때 아이 스스로 일어나게 해야 합니다. 바라보기에 안타까워도 일으켜주는 것은 좋지 않습니다. 어찌 보면 인간의 사회도 영국의 철학자 스펜서Spencer, Herbert가 주장한 '적자생존의 법칙'이 그대로 존재한다고 볼 수 있습니다. 어쩌면 더 철저하게 적용될 수도 있지요.

얼마전 TV에 방영된 내용입니다.

들판의 황무지에서 어미 여우가 한 무리의 새끼를 키우고 있었습니다. 새끼들이 자립할 때가 되자 어미는 애지중지하던 새끼들을 한꺼번에 모조리 쫓아버렸습니다. 그 중 눈이 잘 보이지 않는 새끼가 한 마리 있었는데 그 녀석조차도 쫓아버렸습니다. 멀지 않아 새끼들은 스스로 살아가는 법을 습득하게 되었고 눈먼 여우도 냄새로 먹이 구하는 법을 알게 되었습니다.

동물세계의 적자생존 법칙이 인간에게 주는 메시지는 무엇입니까? 생존의 법칙이 이런 것임을 알게 하고, 온실 속의 아이를 바깥세상에 내놓으라는 것이 아닙니까?

부모는 마땅히 온실 속의 아이에게 비바람이 몰아치는 황야도 있다는 사실을 보여 주여야 합니다. 돌계단을 혼자서 오르는 아이의 엄마처럼, 아이 스스로 계단을 오르게 해야 합니다. 넘어진 손녀딸이 스스로 일어나도록 바라보며 기다려 주는 할머니처럼, 눈 먼 새끼마저 매몰차게 쫓아버리는 여우처럼, 우리는 아이가 스스로 설 수 있는 지혜를 갖도록 이끌 것입니다.

> 세상을 살면서 어려움 없기를 바라지 않느니라. 어려움이 없으면 교만과 사치가 일어나고 교만과 사치가 일어나면 반드시 모두를 속이고 남을 억압한다. 이에 근심과 재난으로 해탈을 삼으라.
>
> ●보왕삼매염불직지

어려움은 오히려 나를 성숙시키는 선생님이고 자비보살입니다. 어려움이 없다면 교만과 사치가 일어납니다. 고난과 어려움은 나를 한 계단 성숙시키는 자비의 화신입니다. 고난을 겪지 않은 성공은 오래가질 못합니다. 온실 속의 화초는 바깥세상 황야와 교감을 나눌 아무런 힘도 없습니다.

부모가 되는 공부는 힘들여 하는 것입니다. 바른 부모가 되기 위해 힘껏 노력하다 보면 힘들고 괴로운 가운데 기쁨이 찾아옵니다. 이때 부처님 가르침은 거울이 되고 의지처가 됩니다. 참 부모가 되는 길이 거기에 있습니다.

수행에도 처음에는 괴로우나 뒤에 기쁜 것이 있다. 무엇이 기쁜 것인가? 범행梵行을 닦는 일, 경문經文을 읽고 외우는 일, 좌선하여 삼매를 얻는 일, 그리고 들이쉬고 내쉬는 숨을 세는 것이다. 이러한 일들은 처음에는 괴롭지만 뒤에는 기쁨을 주는 것이다.

● 증일아함경

자아존중감을 높여 줘라

작은 태도 하나가, 작은 경험 하나가 인생의 삶을 결정하는 중요한 요인이 되기도 합니다. 같은 조건 하에서도 어떤 아이는 성공을 거두기도 하고 어떤 아이는 좌절을 배우기도 합니다.

6학년인 예슬이는 매사를 엄마에게 의존합니다. 자신감이 없으며 다른 아이에 비해 성취의욕이 떨어집니다. 성적도 지능지수에 비하면 많이 떨어지는 편이고 발표력도 낮습니다. 어쩌다 발표를 할 때는 목소리가 작아 옆자리의 아이도 들을 수 없습니다. 체육시간에는 고무공도 무섭다고 피합니다. 피구를 할 때엔 자신이 받아든 공을 다른 아이에게 넘겨줍니다. 경기에 이길 것 같으냐고 물으면 질 것 같다고 자신 없어 합니다. 그림을 그리면 얼굴을 작게 그리고, 학원도 혼자서 가지 않고 엄마가 동행해야 갑니다.

예슬이의 경우 자아존중감과 매우 밀접한 관계가 있습니다. 자아존중감이란 자신의 정체성을 잘 확립한 경우로 자신의 행위와 신체적 조건들에 대한 자부심을 느끼는 만족감 등을 일컫습니다. 이 자아존중감은 아이의 모든 행동과 의식을 규정짓습니다.

엄마는 1학년 때부터 예슬이를 학교에 데리고 가고, 끝날 무렵이면 교문 앞에서 지키고 있다가 데리고 왔습니다. 신발주머니를 제외한 책가방, 준비물 등은 언제나 엄마의 몫이었습니다. 슈퍼에 가서는 아이의 의견이 없는 엄마의 뜻대로만 물건을 샀습니다. 머리 빗는 것도 오로지 엄마의 몫이었고 일기를 쓰는 데도 엄마의 요구가 많이 칠해졌습니다. 밖에 나가 노는 것은 철저히 엄마의 허가사항이었습니다.

예슬이는 주변의 도움으로 전문가에게 진단을 받고 치료를 받기 시작했습니다. 슈퍼에 갈 때는 예슬이의 의견을 상당히 반영하여 장을 보기도 했으며 현장학습을 갈 때는 김밥을 스스로 만들도록 배려해 주었습니다. 밖에 나가서 노는 것도 예슬이 판단으로 했고, 머리도 스스로 빗게 했습니다.

이런 치료를 시작한 지 4개월. 예슬이의 행동은 눈에 띄게 변했습니다. 아이들 앞에서 자신의 의사를 밝힐 수 있게 되었고, 공놀이에서도 적극성을 보였습니다. 걸 스카우트 활동에서는 조장의 임무를 맡아 아래 학년 아이들에게 리더십도 발휘했습니다. 2개월이 더 지난 6개월 후, 예슬이는 자아존중감 검사 결과 거의 정상치에 이르렀습니다.

자아존중감은 인생을 성공의 길로 이끌기도 하고 실패의 길로 이끌기도 합니다. 자아존중감이 높은 경우 자신은 남에게 필요한 사람이라고 인식하고, 노력하면 성공할 것이라는 신념을 갖고 있습니다. 남에게 도움을 줄 수 있는 사람이라고 스스로 인정하고, 자신을 멋있는 사람이라고 스스로 평가합니다.

반대로 자아존중감이 낮은 경우 자신은 남이 싫어하고 별로 쓸모없는 존재이며 외로운 사람, 그리고 매력이 없고 능력이 없으며 성공할 확률이 낮은 사람으로 스스로 인식합니다.

다음의 실험 결과가 이를 증명합니다.

126명 중 자아존중감의 지수가 높은 아이 6명과 낮은 아이 6명을 선발합니다. 도화지를 주고 자신의 모습을 그리게 하자 자아존중감이 높은 아이 6명 중 5명이 크게 그렸고, 다양한 색을 칠했으며, 큰 도화지에 그림의 윤곽이 드러나게 또렸이 그렸습니다. 그러나 자아존중감이 낮은 아이들은 그 반대였습니다. 두 경우의 12명 중 10명이 일치했습니다.

이번에는 텐트를 주었습니다. 자아존중감과 리더십을 보는 이 실험에서 자아존중감이 높은 6명은 곧 완성하였지만 낮은 6명은 완성하지 못했습니다. 자아존중감이 강한 아이는 리더십이 강한 모습을 보였고 낮은 아이는 그 반대였습니다.

그릇에 물 나르기 시합을 했습니다. 이 경기에서 이길 것이라고 응답한 경우와 질 것 같다고 응답한 경우 10명이 자기 의식과 일치했고 2명만이 불일치했습니다.

공감능력 실험에서는 아이가 긍정적인 사고를 갖고 있는 경우엔 자아존중감이 높았으나 부정적인 사고를 잘하는 아이의 경우엔 낮았습니다.

종합하여 정리한다면 자아존중감이 높은 아이가 자아상, 공감능력, 리더십, 성취도가 높았습니다.

● EBS, 인간탐구대기획. 아이의 사생활, 자아존중감

자아존중감이 낮은 아이들은 친구들과 어울리기보다는 컴퓨터 게임 같은 혼자만의 놀이공간에 갇혀 지내는 경우가 많고, 자아존중감이 높은 경우는 친구들과 어울려 놀고 여가생활을 즐기며 지내게 됩니다. 자존감이 높은 아이는 공부도 잘하고 성공할 가능성이 높지만 낮은 경우는 친구들과의 교분을 쌓아 가는 일이라든가, 성장하여 직업을 갖는 데 어려움이 뒤따르는 것으로 알려져 있습니다.

자아존중감은 부모의 영향이 절대적입니다.

유치원 아이에게 퍼즐 맞추기 실험에서 아이가 잘 못한다고 부모가 도우려 한 아이의 경우엔 찡그린 얼굴 표정을 선택했고, 스스로 하도록 바라보기만 한 경우는 웃는 얼굴 표정을 선택했습니다.

● EBS, 인간탐구대기획. 아이의 사생활, 자아존중감

아이의 경험은 성인까지 이어져 자아존중감이 낮은 아이는 성인이 되어서도 낮다는 것이 연구의 결과입니다.

그럼, 자아존중감을 어떻게 형성시킬까요?

학자들은 부모가 밝은 얼굴로 아이에게 웃어 주는 것만으로도 충분하다고 주장합니다. 조그마한 일에 애정 어린 눈빛을 보내는 것, 늦잠을 자는 아이에게 게으르다고 비난하거나 일찍 일어나라고 요구하지 말고 일찍 일어났으면 좋겠다는 의견을 제시하는 것으로 족하다고 말합니다. 이 과정에서 자존심을 자극하는 말이나 부정적인 말은 금물입니다.

강압적인 부모의 행동은 아이의 자아존중감에 심각한 영향을 미칩니다. 그러기에 아이의 의사가 합리적일 경우 아이의 의사를 적극 존중해 주고 따라 줄 필요가 있는 것입니다.

> 자아존중감은 성공으로 이끄는 사고방식을 가르친다.
>
> ●조세핀 킴, 하버드대 교육학과 교수

자아존중감은 자녀를 성공으로 이끄는 바로미터입니다. 자아존중감이 높은 아이는 매사에 긍정적이고 진취적이며 활기찹니다. 자아존중감은 기분, 쾌감, 의욕, 학습과 기억 등을 조절하는 신경전달물질로 새로운 것을 접하면서 희열감을 느낄 때 생기는 도파민Dopamine을 나오게 하는 것으로도 알려져 있습니다. 이 도파민은 그런 행위를 계속 강화시켜 더욱더 자아존중감을 높여 주는 역할을 합니다.

부처님의 탄생, 아기 왕자 싯다르타는 탄생과 동시에 한 손은 하늘을, 한 손은 땅을 가리키면서 "하늘 위, 하늘 아래 나 홀로 높다"고 선언했습니다. 세상에서 자신이 제일 귀하다는 생명에 대한 이 선언이야말로 자아존중감에 대한 극치를 표현하여 절정에 이르고 있습니다.

우리의 생명은 그 어떤 것에 예속된 존재가 아니라 우주법계의 주인입니다. 그러기에 좌절과 고난은 한갓 미망의 그림자일 뿐입니다. 이 사실을 알고 있는 우리들에게 있어서 자아존중감은 세상 사람 누구보다 드높아야 합니다.

생사의 현상은 거짓 모양이고 우리 모두의 생명은 그대로 부처님생명입니다. 우리의 참생명이 부처님생명이라면 그 무량하다는 부처님 공덕은 실로 우리 모두의 참 생명공덕, 바로 그것입니다. 당신은 무한의 주인입니다.

● 한탑스님. 행원

<h1 style="text-align:right">공격적인
아이</h1>

학기 초, 서로의 성격을 알지 못하는 상태에서 처음 만난 아이들은 저마다 행동반경을 조금씩 넓혀 갔습니다. 호식이가 자신도 모르게 종욱이를 툭 건드렸습니다. 그러자 종욱이는 주먹으로 공격을 했고 이를 방어하기 위한 호식이의 방어기제defense mechanism가 돌출되었습니다. 힘이 좀 달린다 싶은 종욱이는 다섯 손톱을 이용하여 호식이의 얼굴을 할퀴었습니다. 피가 흐르는 것을 본 다음에야 공격은 멈춰졌고 호식이의 얼굴엔 상처가 났습니다.

이후 종욱이는 아이들과의 마찰에서 번번이 손톱 무기를 사용했습니다. 피해 아이의 부모는 병원비를 청구했고 가해 아이의 부모는 이에 응해 주어야 했습니다. 이 과정에서 담임교사는 부모들 사이의 이해관계를 조절해 주느라 진땀을 뺐습니다.

공격성이란, 상해를 받는 것을 피하고자 하는 사람에게 기어이 해를 끼치거나 상처를 입히는 모든 행동을 말합니다. 가령 일부러 발을 걸어 친구를 넘어지게 했다면 공격적 행동이지만, 장난을 하느라 발을 걸어 넘어뜨렸다면 공격적 행동이라 할 수 없습니다.

이 같은 공격성의 발달은 생후 1년쯤부터 진행됩니다. 언어적인 공격성은 성장하면서 감소하지만 신체적인 공격성은 아동기와 청소년 초기까지 지속적으로 나타납니다. 연구 결과에 의하면 일반적으로 유아기나 아동기에 공격성을 보인 아이들은 성년이 되어서도 공격적이라는 것입니다.

이 같은 공격성의 원인은 무엇일까요? 세 가지를 봅니다.

첫째로 심리학자들은 좌절감을 가장 으뜸으로 꼽음과 동시에 가정적인 요인에 그 단초를 두고 있습니다.

'강압적 가정환경'이라 부르는 가정적 요인으로 가정의 체벌이 공격성을 유발한다는 것입니다. 부모의 체벌은 즉각적인 상황을 제어할 수 있지만 이런 체벌을 받은 아이는 학교에서도 다른 아이를 물리적으로 통제하면 될 것이라는 의식이 자라 그렇게 된다는 것입니다. 가령 부모가 매를 대는 경우 '다른 아이를 통제하는 길은 그 사람을 때려 주는 것이다'라고 가르치는 결과가 된다는 것입니다.

부모의 체벌이 아동의 공격적 행동과 관련이 있음은 놀라운 일이 아니다. 연구 결과에 따르면 부모에게 심하게 체벌을 받은 아동들은 심한 체벌을 받은 경험이 없는 아동들에 비해 교사나 또래로

부터 2배나 더 공격적임을 주장하고 있다. 여기에 부모의 반응이 없거나 강요적이거나 정서적으로 부모의 개입이 없는 경우는 더 공격적이다.

●유효순. 아동발달

가족끼리 아옹다옹한다면 아이의 공격성은 더 커갑니다.

부처님께서 꼬살라국의 사왓티 기원정사에 계실 때였다. 어느 날 부처님께서 웃가따사리라 바라문에게 말씀하셨다.
  "무엇 때문에 가족이라 말하는가? 집에 살면서 식구들이 즐거울 때 같이 즐거워하고, 괴로워할 때 같이 괴로워하며, 일을 할 때 같이 뜻을 모아 일하기 때문에 가족이라 한다."

●잡아함경

가정은 외로운 섬이어서는 안 됩니다. 서로가 영혼을 쉬고 지친 몸을 회복하며 서로 위로를 주고 받는 휴식처로서 새롭게 에너지를 충전하는 곳이어야 합니다. 이것이 정토가정의 모습입니다.

정토가정은 가족 모두가 서로를 부처님으로 대할 때만이 가능합니다. 그러기에 서로가 부처님을 대하듯 공경하고 위해 주며 안온한 마음을 나눌 것입니다. 부처님의 말씀처럼 가족들끼리 조화를 잃으면 사납고 무서운 풍파가 일어나서 지옥이 되고 맙니다. 지금 우리가 서로 화합하지 못하고, 웃어른을 잘 모시지 못하며, 자녀에

둘째, 대중매체에 단초를 두고 있습니다.

아이들을 두 그룹으로 나눕니다. 11일 동안 한 그룹에게는 폭력적인 만화영화를 보여 주고, 다른 그룹엔 폭력성이 배제된 만화영화를 보여 줍니다. 결과는 폭력물을 많이 본 아이들이 친구에게 발길질을 하거나 꼬집거나 툭툭 치는 행위가 더 많이 나타났습니다. 이런 사실에 대해 휴스만Huesmann은 어릴 적에 TV에서 폭력물을 많이 본 경우, 성인이 되었을 때 범죄를 저지르는 것과 상당한 연관성이 있다고 주장했습니다. 그러기에 부모는 TV, 게임 등을 통제하여 공격성을 차단하는 노력을 게을리해서는 안 됩니다.

셋째, 인지적인 원인을 들 수 있습니다. 대부분의 공격적인 아이들은 다른 사람의 생각과 의도를 자의적으로 해석하여 판단하고 행동을 개시합니다. 다시 말해 객관성이 떨어지고 지극히 부분적이며 즉흥적이라는 사실입니다.

공격자들의 보호를 받게 하기 위해서는 여러 조치가 필요합니다. 공격에 대한 대처 요령을 가르쳐 준다든가, 친구를 많이 사귀게 하는 것입니다. 친구를 많이 사귀게 되면 사회성이 발달되어 피해자가 될 가능성이 줄어듭니다. 그러나 무엇보다도 중요한 것은 '자아존중감'을 키워 주는 일입니다. 자아존중감이 낮은 경우 '나는 힘이 없어', '능력이 부족한 걸', '운명적인 걸'이라고 생각하게 되나 자아존중감이 높은 경우에는 '남을 공격하는 일은 나쁜 일이야', '나도 친구와 힘을 합하면 이겨낼 수 있어', '나도 무엇인가를 보여 주어야겠어'라고 생각하며 공격을 당했을 때 슬기롭게 극복해 냅니다.

부모들은 모든 원인과 책임을 아이에게 돌려서는 안 됩니다. 아이가 공격적이라면 부모가 먼저 반성할 일입니다. 아이의 자아존중감을 키워 주기 위해 얼마나 눈을 맞추었고, 독립심을 길러 주기 위해 얼마나 인내하였으며, 용기를 갖도록 얼마나 격려를 해 주었는지 먼저 반성해야 합니다.

아이의 생명가치는 부처님의 생명가치와 동일합니다. 이 생명가치 위에 부처님의 무량공덕이 부어지고 있음을 부모가 느낀다면 아이의 공격성은 줄어들 것입니다.

Part 9

저항하는 아이, 지혜로운 부모

많은 부모들이 아이를 통제하는 데 힘의 사용이 가장 좋은 방법이라고 믿고
있습니다. 그러나 힘을 사용할수록 아이들은 저항하거나 다른 출구를 찾아갑
니다.

부모의 권위에 저항하는 아이들

대개의 부모들은 권위로 아이를 통제하고 자기의 바람대로 아이를 만들고 싶어 합니다. 아이들은 미성숙한 존재이고 부모는 아이들보다 현명하다고 생각하기 때문이지요. 그래서 부모의 권위는 예전이나 지금이나 가장 좋은 부모의 신념으로 굳어져 왔지요. 그러나 막상 권위가 아이들에게 미치는 영향에 대한 이야기를 하라고 하면 선뜻 말하지 못합니다.

권위의 크기

부모가 권위를 갖는 것은 무엇보다 자신이 어린 아이보다 힘이 세다고 무의식적으로 생각하기 때문입니다. 여기서 힘의 세기란 심리적으로 느끼는 크기를 일컫습니다. 아이들이 어릴수록 부모는 신처럼 위대합니다. 아는 것이 많고, 물리적인 힘이 세며, 지식이 많고, 판단력이 월등한 존재이죠. 그러기에 부모는 아이에게 지대한 영향력을 행사할 수 있는 것입니다. 또한 아이는 모든 것을 부모에게 의존할 수밖에 없기 때문에 의당 부모가 크게 보입니다. 부모는 아이에게 '보상'을 해 줄 능력이 있고, 또한 벌을 가할 권리와 능력을 갖고 있기 때문이라고 생각합니다.

아이들은 거의 본능적으로 보상을 받는 행동은 강화하려 하고, 처벌을 받게 되는 행동은 피하려 합니다. 이때 부모는 보상을 통해 어떤 행동은 강화를 하고, 어떤 행동은 벌을 주어 아이의 행동을 통제하려 듭니다.

그렇지만 아이가 성장할수록 상황은 달라집니다. 부모의 힘을 덜 받게 되기 때문에 부모의 힘(권력)은 서서히 줄어듭니다.

권위의 한계

"우리 아이가 요즘 들어 통 말을 듣지 않아요."
"점점 통제하기가 어려워져요."
"심지어는 말대답을 하면서 대들기도 해요."

부모 권위의 한계를 느끼는 대화 내용입니다. 보상은 아이가 좋아할 만큼 확실해야 하고 처벌은 강력해야 합니다. 그러면 부모의 권위는 제대로 발휘되고 있다고 볼 수 있습니다. 그러나 중요한 것은 부모의 권위가 계속 절대적이지 않다는 것입니다. 아이들이 커 갈수록 보상이 그리 필요하지 않기에 더 이상 보상이나 처벌에 의해서는 통제되지 않는다는 사실입니다. 이 점을 깊이 인식하고 받아들여야 합니다.

권위에 대한 반응

오늘날의 부모들은 권위의 행사는 힘의 사용이 가장 좋은 방법이라고 말합니다. 그러나 아이들은 부모가 권위적일 때 다음과 같은 행동을 보입니다.

저항하거나 반항하기, 분노 표출, 거짓말, 책임회피, 복종, 비위 맞추기, 도피하기 등이 그것입니다.

또 다른 문제

권위를 정당화하려는 부모 밑에서 자란 아이의 경우, 그 권위에 길들여지는 일이 생길 수 있습니다. 이때 부모들은 권위가 아이들에게 안정감을 주고 아이가 올바르게 성장한다고 믿습니다. 그래서 이렇게 말합니다.

"일찍 들어와야 한다."

"군것질하면 안 돼."

"거실에서 공차면 안 돼."

이런 말들에 아이들이 쉽게 길들여지고 잘 따라올 것으로 믿습니다. 그러나 전혀 그렇지 않습니다. 아이들은 부모의 권위에 순종하려는 생각보다 자기 스스로 결정하고 행동하고 싶어 합니다. '너-전달법'으로 일관된 이런 말들에 오히려 일찍 들어오고 싶어 하는 마음이 없어지고, 짐짓 거실에서 공을 차려 들며, 군것질을 더 하고 싶어 합니다.

그래도 권위로 아이를 통제하고 싶다면 일관성을 유지해야 합니다. 이랬다저랬다 하면 아이의 가치기준이 흔들리게 됩니다. 어떤 행동은 상을, 어떤 행동은 벌을 받는다는 명징한 판단이 설 수 있도록 권위를 올바르게 행사해야 한다는 뜻입니다.

그러나 권위가 과연 필요한 것이고 올바른 것인가는 깊이 생각해 볼 문제입니다. 국가 간에도 힘이 센 국가가 힘이 약한 국가에

게 힘을 과시하게 되면 약한 국가는 당연히 저항하려 합니다. 사
람도 마찬가지입니다. 나보다 힘이 센 자가 권위를 행사하려 하
면 우선 거부하려 듭니다. 부모와 자녀와의 관계도 예외일 수 없
지요. 그래서 힘을 사용하게 되면 아이는 부모에게서 멀어지고
차츰 관계가 악화되고 맙니다.

그럼에도 힘의 상징인 권위를 사용할 것인가?

어떤 부모는 권위를 사용하면 죄책감을 느낀다고 실토합니다.
그래서 이런 말을 곧잘 합니다.

"너 잘 되라고 하는 거야."

"너도 커서 아이를 키워 보면 알 거야."

"너도 나중에 내 입장이 되어 보거라."

부처님은 어머니가 아이의 친구가 되지 않으면 안 된다고 분명
히 말씀하셨습니다. 이것은 불교를 신앙하는 사람들의 제일 명제

입니다. 진정한 친구끼리는 힘으로 지배하려 하지 않습니다. 권위로 친구를 제압하려 들지 않습니다. 서로를 존중하며 사랑하며 지냅니다.

부모는 마땅히 아이의 벗이 돼야 합니다. 힘없는 아이라고 해서 인권을 짓밟고 힘으로 지배하려는 것은 부모의 무자비한 폭력입니다.

땅을 기는 개미, 하늘을 나는 새도 부처님일진대 나로 인연해 태어난 부처님생명을 살고 있는 아이를 권위로 제압하려는 일은 결코 참 불공이 아닙니다. 친구처럼 평등한 가운데 서로 존중하고 사랑하며 살아야 합니다. 그 이치를 깨달아야 합니다.

아이들의
자유와 권리

머리를 물들여 본 아이가 성공한다

4학년인 민수는 머리에 노랑 물을 들이고 들어왔습니다. 이 모습을 본 아빠가 눈살을 찌푸리며 말했습니다.

"누구 허락받고 머릴 그 모양으로 만들었니?"

"머리 다듬는 것도 아빠의 허락을 받아야 하나요?"

"반항하는 거냐?"

"내 머리는 내가 관리할 자유가 있잖아요? 나는 이 머리가 좋다고요. 아빠도 아빠 마음대로 머리 모양을 하잖아요."

격분한 아빠는 주먹을 불끈 쥐었습니다.

민수는 문을 박차고 집을 나갔습니다. 그리고는 밤늦도록 돌아오지 않았습니다.

아이들이 부모를 떠나는 이유는 대부분 부모의 특정 행동 때문입니다. 아이들은 부모의 야단과 자신의 생각, 가치관을 무시하거나 흔들어 놓을 때 부모를 떠납니다. 좀 더 성숙한 아이들은 자

신의 인격과 인권을 무시당하거나 침해당했을 때 그만 등을 돌립
니다.

아이들을 키워 본 부모라면 민수 정도의 마찰과 갈등은 다수
경험했을 것입니다. 민수의 경우에도 부모의 문제이기에 앞서 순
전히 아이의 문제라고 할 수 있습니다. 아이의 머리스타일이 변
한다고 해서 부모의 인격이 실추되는 것도 아니고, 직장이 떨어
져나가는 것도 아니며, 경제적인 손실이 발생하는 것도 아닙니
다. 아이가 부모에게 반항하기 위해 일부러 머리에 물을 들인 것
도 아니고, 속을 썩이기 위해 고의로 물들인 것도 아닙니다. 단지
자신의 개성을 표출하고 싶었을 뿐입니다.

부모는 이런 문제에 대해 좀더 너그러울 필요가 있습니다. 아
이가 얼마나 머리에 물을 들이고 싶었을까? 한 번쯤 생각해 주는
부모가 되어야 한다는 것입니다.

따지고 보면 머리에 물들이는 것은 부모의 허가사항이 아닙니
다. 아이의 권리와 자유영역에 포함된 사항이지요. 아이는 잠재
적 교육과정을 통해 스스로 인생을 공부하며 살고 있을 뿐입니
다. 책으로 배우는 공부는 물론 친구간에 교분을 나누며 친목을

다지는 방법을 터득하는 것도 훌륭한 공부입니다. 교육학에서는 교과서로 공부하지 않고 학습되는 이런 경험과 공부를 잠재적 교육과정hidden curriculum이라고 한다는 것을 부모들은 익히 공부한 바 있습니다.

그럼 민수는 잠재적 교육과정을 통해 무엇을 얻게 될까요?

- 친구들에게 자신의 모습을 객관적으로 평가받을 수 있는 기회가 된다. 만약 평가 결과가 나쁘면 자신의 모습을 스스로 수정해 갈 것이다.
- 유행이 주는 장단점에 대한 것을 경험으로 공부하게 된다.
- 외모에 대해 자신감을 가질 수 있고 여러 가지 시도를 통해 자신을 관리하는 능력이 생긴다.
- 이런 자신의 모습을 지켜봐 준 부모에게 오히려 감사한 마음을 갖게 된다.
- 부모와의 갈등이 해소될 기회가 된다.

머리에 물을 들여 보는 것만으로도 아이는 엄청난 학습을 합니다. 사람은 누구나 자유를 희구하며 누리고자 합니다. 자신의 자유를 빼앗기지 않으려는 것이죠. 어른들 자신도 자신의 스타일대로 머리 모양을 자유롭게 하듯, 아이들도 그런 생리적 욕구를 갖고 있는 것입니다. 이런 욕구를 부모라는 권위의 권력으로 짓밟으려 한다면 이는 분명 지배자와 피지배자 사이의 험한 관계로 만들어 가고 맙니다.

부모와 자녀와의 사이는 평등한 관계입니다. 결코 지배자와 피지배자의 관계가 아니지요. 만약 아빠의 술 먹는 문제, 귀가 문제, 경제 문제 등을 가지고 자녀가 간섭을 한다면 모든 아빠들은 벌컥 화를 낼 것입니다.

"아빠는 할 일이 없어서 노상 술만 먹고 다녀요?"

"일찍 좀 들어오세요. 아빠도 일찍 자고 일찍 일어나는 것이 좋다고 하셨잖아요?"

"상철이 아빠는요, 돈을 잘 벌어 온대요. 아빠도 돈 많이 벌어서 저에게 메이커 있는 옷 좀 사주세요."

아이에게서 이런 말을 듣는다면 부모는 심한 모멸감을 느끼게 될 것입니다. 아이들도 어른과 똑같습니다. 자신의 영역을 부모의 권위로 누르려 한다면 심한 모멸감에 집을 뛰쳐나가고 싶은 충동을 느끼게 됩니다.

자유와 권리에 대해 간섭하면 할수록 아이는 자신의 권리와 자유를 빼앗기지 않으려고 강력하게 저항한다는 사실을 먼저 인지해야 합니다.

영화 〈빠삐용〉. 이 영화는 인간의 자유가 뭔가를 생각하게 하는 작품입니다. 20세기 최고의 모험가 앙리 샤리에르의 실제사건을 1973년 영화화한 것으로서 전 인류를 극장가에 몰아넣은 흥행 작품으로 알려져 있지요.

의지의 인간 빠삐용은 13년간의 감옥생활에서 10번이나 탈출을 시도했다. 그러나 번번이 붙잡혀 형량이 늘어나게 되고 종국에는 종신형을 선고받는다.

앙리 샤리에르는 가슴에 나비 문신을 하고 있어 빠삐용(나비라는 뜻)으로 통한다. 빠삐용은 억울하게 살인죄를 뒤집어쓰고 감옥에 수감된다. 가혹한 중노동에 시달리며 무죄를 증명하기 위해 탈출하다 붙잡혀 깜깜한 독방에 갇히게 된다. 그는 위조지폐범인 드가를 만나게 되고 또다시 탈출을 시도한다. 그러나 또다시 붙잡혀 2년간의 독방생활이 추가된다. 그렇지만 빠삐용은 의지를 굽히지 않고 또다시 탈출을 시도. 그 벌로 5년간의 독방생활로 이어진다. 굶주림에 지친 빠삐용은 바퀴벌레까지 잡아먹으며 버텨 나간다. 또다시 드가와 탈출을 결행, 성공을 하지만 다시 붙잡히게 되고 자유생활은 2년 만에 끝이 난다.

탈출과 체포를 수없이 반복한 결과 빠삐용의 형량은 늘고, 마침내는 드가와 함께 바다 한가운데에 있는 탈출이 불가능한 한 섬에 갇히게 된다. 빠삐용은 어느덧 머리가 하얗게 세고 이가 빠진 노인의 모습이 된다. 그럼에도 탈출의 의지를 버리지 않는다. 매일 탈출할 장소를 돌아보며 탈출방법을 모색한다. 그러던 어느 날 빠삐용은 무기력해진 드가를 남겨 두고 까마득한 절벽에서 상어가 득실대는 바다로 야자열매 포대 하나를 의지하여 뛰어내린다. 빠삐용은 망망한 대해로 나가며 소리친다. "난 자유다. 난 자유다, 이놈들아!" 빠삐용이 푸른 바다 속에서 작아져 가며 스크린에 끝을 알리는 자막과 함께 대단원의 막이 내린다.

● 민병직. 주니어 라이브러리 문학

이 영화는 자유가 얼마나 중요한지를 그린 작품으로 보는 이의 귀와 눈을 사로잡습니다. 젊은 나이를 감옥에서 다 보낸 노인 빠삐용이 까마득한 절벽에서 탈출을 시도하고 마침내 성공하는 모습을 볼 때는 자유에 대한 진한 감동을 느끼게 합니다.

이렇게 자유와 권리는 소중한 것입니다. 그런데도 어른들은 종
종 아이의 자유와 권리를 사정없이 빼앗으려 합니다. 그러나 아
이들은 남의 자유와 권리를 빼앗으면서까지 자신의 자유와 권리
를 누리려 하지는 않습니다. 부모가 자신의 자유와 권리를 소중
히 여기듯 아이들은 타인의 자유와 권리를 존중하려 하니까요.

머리에 물을 들이는 것은 아이 고유의 자유임을 인정할 것입니
다. 그런다고 부모의 권위가 떨어지는 일도 아니고 인격에 손상
을 주는 일도 아닙니다. 아이는 그러다 그것이 아니다 싶으면 그
때 가서 새로운 출구를 찾을 것입니다. 부모의 즉각적인 반응은
절대로 효과적이지 못합니다.

> 마땅히 머문 바 없이 마음을 내라.　　　　　　●금강경

부처님은 우리에게 늘 대자유인이 되라고 말씀하십니다. 잡다
한 세상사에 매이거나 머물지 않고 그물에 걸리지 않는 바람처럼
살라고 말씀하십니다. 고려 때 나옹스님은 이렇게 노래합니다.

> 청산은 나를 보고 말없이 살라 하고
> 창공은 나를 보고 티 없이 살라 하네
> 탐욕도 벗어 놓고 성냄도 벗어 놓고
> 물같이 바람같이 살다가 가라 하네　　　●나옹혜근. 청산은 나를 보고

저항하는 아이
지혜로운 부모

10대가 된 아이들은 종종 청개구리처럼 행동합니다. 품위 있는 말을 하라고 하면 저속한 말을 하고, 단정한 차림으로 다니라고 하면 신발을 질질 끌며 일부러 다 해진 옷을 입고 다닙니다. 양서를 읽으라고 하면 만화책을 보고, 공부를 하라고 하면 TV를 보거나 컴퓨터만 합니다. 일찍 일어나라고 하면 해가 치밀 때까지 자고, 머리를 깔끔하게 하고 다니라고 하면 어느새 노랑물을 들입니다.

이런 상황에서 부모들의 태도는 어떻습니까? 대개가 강압적으로 아이들을 제압하려 듭니다. 뜻대로 되지 않으면 아이들이 가장 싫어하는 훈계나 설교를 쏟아붓습니다. 그래도 안 되면 위협하거나 신체적인 벌을 줍니다. 그러나 중요한 것은 그럼에도 아이들의 태도가 전혀 달라지지 않는다는 사실입니다.

질풍노도의 시기

사춘기를 보통 질풍노도의 시기라고 말합니다. 이 시기의 아이들은 전통이나 사회적인 규범 등에 대해 저항을 하기 일쑤입니다. 무슨 말을 하면 콧구멍을 손가락으로 후비거나, 엉뚱한 곳을 쳐다보며 한숨을 쉬기도 하고, 심지어는 문을 쾅 닫고 나가기도 합니다. 밥을 먹으라고 하면 라면을 끓여 먹고 부모의 말에 콧방귀를 뀌는 태도를 보입니다. 심지어는 아예 대꾸를 하지 않거나 도전적으로 덤비거나 대듭니다.

그 시기의 부모는 잠자리에서 일어나면서부터 잠자리에 들 때까지 하루를 아이와 싸움으로 시작하고 싸움으로 마감합니다. 그러나 다행인 것은 이들의 이런 행동은 성장과정developmental phase 속에서 나타나는 하나의 당연한 과정이라는 것입니다. 예를 들어 아이가 어렸을 때는 거리의 휴지를 줍는 선행을 좋아하지만 사춘기가 되면서 휴지를 줍기는커녕 거리에 씹던 껌을 마구 뱉어 버리기까지 합니다. 그러다가 어른이 되면 다시 떨어진 휴지를 줍습니다.

아이들이 이렇게 행동하는 이유는 부모에게 '아이'라고 낙인된 프레임을 깨야 되고 미지의 세계에 대한 도전을 해 나가지 않으며 안 된다는 생각을 하기 때문이지요.

자기 정체성의 확립

아이들은 종종 '나는 누구인가? 내가 존재하는 이유는 무엇일까? 나는 왜 사는 걸까?' 하는 정체성을 확립하기 위한 질문을 던집니다. 그러면서 자신의 꿈이 이루어지기 어렵다는 생각을 하기도 하고 너무 허황된 것이 아닌가 하는 생각에 사로잡히기도 합니다. 그러나 분명한 사실이 있습니다.

"아이들은 부모의 뜻을 거역하고 반항한다. 그것은 자신의 자발적 행동을 경험하기 위한 것이다."

그렇습니다. 아이들이 부모에게 저항하는 것은 자기의 정체성을 확립하기 위한 지극히 당연한 성장과정의 한 면입니다. 부모가 미워서, 부모를 골탕먹이려고, 속을 썩이기 위해 일부러 그런 것이 절대 아닙니다.

그런 가운데 아이들의 의식을 흐리게 하는 것에 대중매체가 일조하고 있습니다. 방송사들은 흥행과 인기를 위해 몸을 흔들고 웃고 장난치는 흥미 위주의 프로그램으로 아이들을 사로잡습니다. 여기에다 난무하는 케이블 TV의 선정성은 아이들의 성性을 빗나가게 만들기도 합니다.

문제는 오늘날의 아이들은 자신들이 이런 사실에 젖어 있는 데도 전혀 문제가 있음을 자각하지 못한다는 데 있습니다. 그래도 천만다행인 것은 아이 자신의 동일성과 자발적 행동을 경험하기 위해서 부모의 뜻을 거역하는 것이지 다른 이유로 인해 그렇게 하지 않는다는 사실입니다.

도움 주기

◆ 불평을 들어줘라

사춘기 아이들의 머리는 언제나 뒤죽박죽인 것처럼 보이기 일
쑤입니다. 반대적인 행동은 물론 전혀 엉뚱한 생각으로 고민하기
도 합니다. 부모의 마음을 애타게 만드는 아이들을 두고 정신분
석학자인 프로이트Freud는 그의 책에서 이같이 진단합니다.

> 사춘기의 아이들이 모순되고 예측할 수 없는 행동을 취하는 것
> 은 정상적normal이다.

"부모의 속을 썩이고 애가 타들어가게 만드는 아이들의 행동
은 정상이다."

프로이트의 이 진단은 그냥 이루어진 것이 아닙니다. 숱한 임
상실험과 심리발달에 따른 연구 속에 일궈낸 학문적 업적입니다.
부모들이 아이를 돕는 일이란 아이들의 불평과 행동을 들어주
거나 지켜보아 주는 것입니다. 인내심을 가지고 무던히 지켜보아
준다는 것은 대단히 중요한 의미를 가지고 있습니다.

◆ 혹평하지 마라

아이가 찢어진 청바지를 입고 다닙니다. 이를 본 아버지는 옷
을 갈아입도록 주문합니다.
"그게 뭐냐? 좋은 옷 두고 그렇게 너덜거리는 옷을 어디서 사
입었니? 당장 갖다 버려야겠다."

아이는 그래도 버팁니다.

어떤 아버지는 이렇게 말합니다.

"청바지가 멋지구나. 그런데 찢어져서 보기에 좀 어색한걸? 아마 다른 사람들도 그렇게 생각할 거야. 우리 집 역시 가족이 모여 사는 공동사회거든. 찢어진 청바지를 입고 싶으면 네가 자립하여 혼자 살 때 입으면 어떻겠니?"

이 충고에 아이는 슬그머니 옷을 갈아입었습니다.

◆ 결점 지적은 금물

드러내 놓고 결점을 지적하면 아이들은 즉각적으로 반항합니다. 부모가 아이의 결점을 지적하면 쉽게 고치기보다는 오히려 부모에 대한 적개심과 분노심을 가지게 됩니다.

정신분석학자인 에릭슨Erik H.Erikson의 성격이론에 따르면 6세부터 11세인 학령기에는 사회적 가치를 결정하는 것이 자신의 소망과 의지보다 부모의 배경, 옷의 가격, 외모라고 느끼기 시작하며, 이런 것들에서 상처를 쉽게 받고 정체감에 영향을 줄 수 있다고 했습니다. 12세부터 20세까지는 급격한 신체 성장과 생식기의 변화로 자신의 동일성과 연속성에 의문을 품는다고 했습니다.

이런 시기에 결점의 지적은 도리어 반항심을 불러일으키거나 학습에 실패를 초래하게 되고 공부과제를 수행할 능력이 없을 때에는 열등감을 자라게 합니다. 꼭 결점을 지적할 상황이라면 근엄한 목소리보다는 웃음 띤 얼굴로 아이의 기분이 상하지 않게 조심스럽게 접근해야 합니다.

◆ 과거의 일은 과거의 일이다

대개의 부모들은 아이의 과거를 들추면 아이들이 자신의 행동을 되돌아보고 반성을 하며 행동을 고칠 거라고 믿습니다. 그러나 전혀 그렇지 않습니다. 과거의 좋지 못한 사건을 떠올려 주면 아이는 수치심을 느끼고, 심지어는 부모의 영역 밖으로 뛰쳐나가고 싶은 격한 충동을 느낍니다. 과거에 대한 좋지 못한 영상이 정신을 맑게 하지 못하고 용기를 잃게 할 가능성이 많기 때문이지요. 과거의 일은 이미 지나간 것입니다. 우리들은 오로지 현재, 지금을 살아야 합니다. 아이도 마찬가집니다.

> 과거의 망령에서 벗어나 현재의 삶을 직시하라. 과거는 존재하지 않는다. 내 마음속의 기억된 정보일 뿐이다. 미래 역시 존재하지 않는다. 내 마음속의 상상일 뿐이다. 지혜로운 사람은 현재를 순간이라 여길 것이고 수행자는 지금 이 순간이라는 것 역시 마음에 비친 허상임을 알아차린다. 현재도 끊임없이 변하는 허상인데 하물며 과거의 허상에 집착하다니, 이 얼마나 어리석은 짓인가? 지금 각자의 위치에서 최선을 다하자.
>
> ●목종스님. 법보신문 법보시론, 지금 이 순간

◆ 바라보는 것도 교육이다

현명한 부모들은 자녀가 부모의 도움 없이도 성장할 수 있도록 만듭니다. 부모에게 지나치게 의존하게 되면 의타심이 생겨 부모가 외출하였을 때 무기력해지고 공포심을 갖게 됩니다. 가만히 바라보는 것만으로도 훌륭한 교육이 됩니다. 이것이 '바라봄의 교육’, ‘지켜봄의 교육’입니다.

◆ 일정한 거리를 유지하라

은영이의 일기장은 두 권입니다. 한 권은 부모님과 선생님께 보여 주기 위한 것이고 한 권은 자신의 비밀 이야기를 감추어 두려는 것입니다.

비밀은 어른만 있는 것이 아니라 아이들에게도 있습니다. 부모가 아이들의 프라이버시를 무시해 버리면 아이들도 부모의 프라이버시에 해가 되는 행동을 하고 심지어는 가출을 시도하기도 합니다. 자녀가 성장할수록 부모와 자녀는 일정한 거리를 유지해야 합니다.

◆ 말이 아닌 행동으로

“엄마가 네 나이 때에는~”이란 말은 꼭 삼갈 필요가 있습니다. 아이들은 오늘을 살고 있기 때문에 부모의 옛일에는 전혀 관심이 없습니다. 부모의 옛날 이야기를 꺼내면 아이들은 즉각 자신의 귀를 틀어막고 싶어 합니다. 단지 아이가 귀를 기울인다면 자신의 것으로 받아들이는 것이 아니라 고리타분한 흥밋거리로 치부해 버립니다. 사람이 되게 하는 데는 말보다는 행동이고, 진정한 교육은 귀에서가 아닌 눈에서입니다.

◆ 애매모호한 메시지는 안 된다

아이가 종잡을 수 없는 메시지는 보내지 말아야 합니다. 불명확한 메시지는 아이의 사고를 혼란스럽게 하고 부모의 인격을 실추시킵니다.

"넌 할 일도 많은데 꼭 축구를 해야 되겠다는 말이냐? 누구와 하지? 장소는 어디고? 지난번 옆집의 아이가 축구를 하다가 싸움이 벌어져 다쳤다는 사실을 알고 있지? 몇 시에 들어올 거지?"

이런 메시지는 아이에게 전혀 도움을 주지 못합니다. 축구를 하러 가라고 허락하는 것인지 아닌지 종잡을 수 없기 때문이지요.

"넌 할 일이 많잖니? 할 일을 하고서 축구를 하러 가거라"라든가, 아니면 "축구를 하니까 더욱 건강해지겠구나. 최선을 다해 이겨 보거라. 자, 축구에는 이런 옷이 좋겠지?"

엄마는 공을 차기에 좋은 옷을 꺼내 주고 길가까지 배웅해 주었습니다. 이런 분명한 메시지가 아이에게 도움을 줍니다.

◆ 장래를 논하지 말라

대부분의 부모들은 자녀들의 미래를 걱정합니다. 그러나 이런 걱정이 문제 해결에 도움이 되지 않는다는 사실을 인지해야 합니다.

"네가 하는 짓을 보면 중간은커녕 꼴찌밖에 못하겠다. 상급학교에 진학하면 어떻게 따라갈래. 너의 지금 실력으로는 아무것도 할 수 없겠어. 그러니까 열심히 공부하란 말이야!"

"에구, 친구가 멀리 이사 가면 어떻게 지낼래. 맨날 친구와 붙어 다니니 원. 우리도 이사 갈지 몰라. 그렇게 되면 어떻게 만나지. 그러니 너무 죽자 살자 하지 마라."

사실 아이들의 장래를 예견한다는 것은 불가능합니다. 단지 그들에게 문제가 생겼을 경우 도움을 줄 뿐입니다. 가까운 사람의 죽음으로 삶의 의미를 잃을 때, 시험의 실패로 좌절감을 맛보았을 때, 이웃 어른에게 심한 말을 듣고 실의에 빠졌을 때, 담임교사나 친구와 마찰이 발생했을 때, 아이의 인생관이 흔들리지 않도록 도와야 하는 것뿐입니다.

부모에게 동행자가 누구입니까? 아이입니다. 아이는 나와 인연된 매우 긴밀한 관계의 인생도반입니다. 험난한 사바를 함께 살아 나가며 서로 위로하고 위로받는 진리의 친구, 법우法友입니다.

아이가 반항할 때, 조금 마음에 들지 않더라도 화를 억누르고 조용히 앉아 마음을 비우는 공부를 하십시오. 그러면 아이와 하나가 됨을 느낄 수 있을 것입니다. 이럴 때 부처님은 성중聖衆을 거느리고 법륜法輪을 굴리며 다가오십니다. 오셔서 아니룻다를 칭찬하신 것처럼 어깨에 손을 얹으시고 이렇게 찬탄하실 것입니다.

"오, 매우 착하구나, 벗이여!"

<h1>틴에이저들의 음주</h1>

좀처럼 결석을 모르던 딸 아이가 학교에 갈 시간인데도 일어나지 않고 아침 늦도록 누워 있었습니다.

"어디 아프니?"

"응, 컨디션이 안 좋아서."

"뭔 일이 있었니?"

"아무것도 아냐!"

아버지는 모로 돌아눕는 아이의 얼굴을 보는 순간 깜짝 놀라고 말았습니다. 얼굴이 벌겋게 달아올라 있었던 것입니다.

"여보, 아이의 얼굴이 왜 그래?"

"쉿, 어제 친구들과 한잔 했데요. 모른 척 하세요!"

"……!"

같은 동네에 사는 한 지인은 고등학교에 다니는 아이가 이따금 술을 사 달라고 한답니다. 그럴 적마다 아버지가 술을 사 준다고 했습니다. 말려도 마실 술이니 아버지가 미리 주법을 가르쳐 주는 것이 좋지 않겠느냐고 말했습니다.

이 정도이고 보면 틴에이저들에게 술 마시는 것을 삼가라고 설득한다는 것은 어쩜 불가능한 일인지도 모릅니다. 그도 그럴 것이 틴에이저들은 술을 먹는 것이 성숙의 상징이라고 생각하기 때문이지요. 그들은 권위를 부정하고 궤변을 늘어놓고 비논리적인 것을 사실인 양 합리적으로 몰아가기도 합니다. 술을 마심으로써 허세를 부리기도 하고 자신의 성숙을 과시하기도 하며 때로는 성인이 다 되었다는 선포를 하기도 하지요.

256

학자들은 반항적인 틴에이저일수록 일찍 술을 먹기 시작한다고 주장합니다. 술을 먹는 행위로 인해 우쭐한 기분을 유지할 수 있고 울분과 정의를 부르짖기도 하니까요. 이렇게 보면 술은 틴에이저들에게 즐거운 시간과 유쾌한 기분을 가져다 주는 것은 분명합니다. 술을 마심으로 해서 집이나 학교에서 쌓인 스트레스를 해소하고 자신의 정체성을 확립하려 노력하기 때문이지요.

그러나 문제는 틴에이저의 '술 문화'입니다. 자칫 술을 마심으로써 남성다움과 여성다움을 과시하려는 충동에 빠져 좋지 않은 일을 저지르게 된다는 것이지요.

이런 틴에이저들에게 다음의 예들은 많은 도움을 줄 수 있습니다.

- 누구에게 술을 대접받았을 때, "감사합니다만 사양하겠어요"라고 정중히 말하라. 이때 술을 안 먹겠다는 설명이 술을 강제로 권하는 것에 대한 불평이 되지 않도록 주의하며 자신의 의견을 분명히 밝혀라.

- 술을 마실 때는 테크닉도 매우 중요한 법이다. 부득이 술을 마셔야 할 경우라면 한 잔을 몇 차례 나누어 조금씩 마시도록 하라. '원샷'은 하지 말라.
- 혹시 술 모임에 갈 경우 술을 못 마시는 친구에게 강제로 권하지 말라. 또한 술을 못 마신다고 비아냥거리거나 무안을 주지 말라. 사람에 따라 술 마시지 못하는 경우도 얼마든지 있다.
- 술을 마시다 취했다고 생각되면 술잔을 내려놓아라.

서양의 히브리 전설에는 술을 마실 때 어떻게 되어 가는지에 대한 설명이 있지요. 사탄이 노아에게 술의 효험을 설명한 대목이 그것입니다.

> 첫 번째 술잔은 그대를 양처럼 온순하게 만들고, 두 번째 술잔은 사자처럼 용감하게 만든다. 세 번째 술잔은 그대를 원숭이처럼 교활하게 만들며, 네 번째 술잔은 그대를 돼지처럼 더러운 시궁창에서 뒹굴게 만든다.

누구나 공감할 수 있는 재미난 말입니다.

히브리 전설의 내용대로 한두 잔의 술은 양처럼 온순하게 만들고 자연스럽게 분위기를 연출하는 데 기여합니다. 그러나 더 많이 먹게 되면 원숭이처럼 교활하게 하고 돼지처럼 자리를 가리지 않고 멋대로 행동하게 만듭니다.

전설의 내용을 준수하라는 법은 없지만 술은 친구들과의 다정한 사귐을 위해 한두 잔이면 족할 것입니다.

불교에 귀의하게 되면 제일 먼저 5계를 받지요. 이 5계는 모든 생명이 생명의 원리대로 살아가야 함을 일깨워 주는 생명수와 같은 가르침입니다. 사람이나 뭇 생명은 물이 없으면 죽게 되지요. 그런 생명의 원리가 무엇입니까. 바로 진리대로 사는 것입니다. 다시 말해 법대로 사는 것이지요. 술을 마시되 취하지 않도록 법도에 따라 마시라는 것입니다.

주변을 둘러보세요. 얼마나 많은 사람들이 불음주계不飲酒戒를 지키지 않아 몸을 망칩니까? 자신뿐이 아니지요. 죄 없는 가족에게도 고통을 주고, 패가망신은 물론 사회를 혼탁하게 만들기까지 합니다.

마땅히 불음주계를 생활의 우위에 두고 살 것입니다. 다섯 가지 계율 중 불음주계 하나만 잘 지켜도 우리들의 수행은 한층 빛날 것입니다.

'흔들리는 마음으로는 수행할 수 없다.'

그렇습니다. 정신이 흐리고 흥청대는 마음으로는 수행할 수 없습니다. 늘 오롯이 깨어 있는 삶을 살아야 합니다. 술을 마시되 취하지 않도록 마셔야 합니다. 술에 취해 이성을 잃게 되면 미망의 업보가 엄습해 옵니다.

술은 앞서 언급한 대로 다정한 사귐을 위해 누구나 한두 잔으로 족할 것입니다. 불교는 이것마저 거부하지는 않습니다. '술을 마시지 말라!'는 가르침은 부작위의 개념이 아닌 '술을 마시지 않겠다', '술을 마시고 취하지 않겠다'라는 작위의 개념이라 할 수 있습니다. 그러니까 스스로 지켜야 할 생활 속의 정신질서이고 율법인 셈이지요.

> 악을 멀리하고, 술을 절제하고, 덕행을 소홀히 하지 않은 것, 이것이 위없는 행복이다.
>
> ● 숫타니파타

틴에이저의 무분별한 음주는 장차의 행복을 깰 수 있습니다. 잘못된 음주 습관과 그로 인한 비뚤어진 사고방식 때문입니다. 덕행을 제일로 알아서 좋은 습관을 몸에 익혀야 할 나이에 자칫 술에 대한 정체성을 확립하지 못할 수도 있습니다. 매우 위험한 일입니다. 술에 대한 정체성이 잘못 형성되지 않도록 부모나 보호자는 늘 관심을 기울여야 합니다.

관심을 어떻게 기울여야 할까요?

"쉿, 어제 친구들과 한잔 했데요, 모른 척 하세요!"

“와, 우리 딸이 제법인걸?”
이렇게 알면서도 모른 척 하고, 얼굴이 빨갛게 달아 오른 아이
에게 그냥 씩 웃어 주는 것입니다.

게임 중독,
이렇게 예방하라

"도대체 하라는 공부는 안 하고 맨날 컴퓨터 게임이나 하다가 뭐가 댈라꼬 그라노?"

"에잇 진짜, 나 좀 가만 놔둬."

어머니와 오빠의 목소리는 점점 커졌다.

"니 진짜 이래 말 안 들을래? 컴퓨터 확 불 싸질러뿌까."

"내 방에서 나가소. 빨리."

"지금 당장 컴퓨터 꺼라이. 안 그라면 내 가만 안 있을 끼데이."

"이 게임 아직 다 안 끝났어요. 내 컴퓨터 만지지 마소. 하지 마라, 진짜. 아, 진짜. 엄마 그만 나가라."

다음날 아침 7시 30분쯤 잠을 깬 허 양은 엄마를 찾았다. 평소라면 아침밥 준비를 하고 있었을 엄마는 보이지 않았고 불러도 대답도 없었다. 안방에 들어가자 엄마는 침대 위에 반듯이 누워 있었다.

현장에 도착한 경찰은 안방을 살핀 후, 집안 곳곳을 수색하다 또

가상의 세계에서 거의 매일 총을 쏘거나 칼을 휘둘러 사람을 죽이는 게임에 길든 10대 소년은 현실세계에서 결국 어머니까지 살해했습니다. 게임중독은 가상의 세계와 현실세계를 구분하지 못했고, 결국 비극으로 이어졌습니다.

어른들도 예외가 아닙니다. 어른들도 게임에 몰두하다 사망에 이른 예가 심심찮게 보도되고 있지요. 도박게임에 전 재산을 탕진하기도 하고요.

아이들이 왜 게임에 열광을 하게 될까요?

사람의 본능 중에는 무언가를 부수고 다른 사람을 굴복시키고자 하는 파괴본능이 있습니다. 청소년들은 총, 미사일, 레이저, 등 강력한 무기로 목표물을 죽이거나 파괴하는 데서 어떤 희열감과 묘한 쾌감을 느낍니다.

또한 게임 속에서는 막강한 병력을 이끄는 리더가 될 수 있으며 마법을 이용해 상대방을 굴복시킬 수 있는 힘을 가질 수도 있습니다. 그래서 영웅심리가 생겨나 게임에 점점 몰두하게 되는 것입니다.

이 뿐만이 아니지요. 자신을 대리하는 아바타 캐릭터의 능력을 키우며 얼마든지 자신의 위상을 높여 나갈 수 있습니다. 이 과정에서 레벨(신분)이 높아지는 동시에 막강한 아이템과 사이버 머니를 획득해 강한 성취감을 느끼게 됩니다.

게임중독은 육체적·정신적·물질적으로 지장을 받고 있는 상태를 말합니다. 자기를 통제할 수 없게 되고 일상생활이 어려워지며 친구들과 교분이 줄어들고 신경이 극도로 날카로워집니다. 건강은 나빠지고 성적은 급강하합니다. 증상이 더 심해지면 가출을 감행하여 PC방을 전전하며 가상의 세계를 거닐기도 합니다.

그러나 무엇보다 염려스러운 것은 조금만 건드려도 난폭성을 나타낸다는 것입니다. 앞의 신문기사처럼 엄마까지 죽입니다. 자신도 목숨을 끊습니다.

이런 경우 부모가 화를 면하는 길은 한 발 물러서 생각해야 한다는 것입니다. 즉석에서 아이를 야단치는 일은 아이에게 있어서는 폭력에 가까운 행위일 수 있기 때문이지요.

'게임중독 단계는 어떻게 이루어지는 것일까?'

전문가들은 대체로 이 같은 단계를 거친다고 진단합니다.
접촉 – 몰입 – 중독
접촉 – 몰입 – 자각 – 중독
접촉 – 몰입 – 중독 – 자각

'이 같은 단계를 거쳐 진행되는 게임중독의 원인은 어디에 있는 것일까?'

• 유전적 요인 – 유전적으로 게임을 좋아하는 아이가 있다.

- 성격적 요인 – 내성적인 성격을 갖고 있거나, 승부욕이 강한 아이, 지능이 우수한 아이들이 주로 빠져든다.
- 환경적 요인 – 한 부모 가정의 아이, 맞벌이 가정의 아이, 결손 가정의 아이가 쉽게 빠져 든다.
- 습관적 요인 – 습관적으로 게임을 하다 중독이 된다.
- 문화적 요인 – 게임을 모르면 친구들에게 소외될 수 있다는 생각에서 게임을 배운다.

게임이나 도박은 중독성이 있기에 처음부터 전방위적으로 나서서 막지 않으면 실패할 수 있습니다. 전문가들은 다음과 같은 예방법을 제시합니다.

- 게임은 하루에 1시간 30분 이내로 한다.
- 식사를 제때에 하도록 지도한다.
- 정해진 시간에 잠자리에 들도록 조력한다.
- 가족이나 친구와 함께 게임을 한다.
- 등산, 배드민턴 등과 같은 운동을 생활화할 수 있도록 한다.

중요한 것은 부모가 자녀와 함께 대화를 나누며 교감을 쌓는 일입니다. 대화를 통해 자녀의 정신세계와 게임세계를 이해할 수 있기 때문이지요. 원하는 게임이 무엇이고 내용은 적격한 것인지, 자녀와 함께 게임을 하면서 유대를 강화하는 것이 무엇보다 성공비결이라고 할 수 있습니다.

경에 보이는 부처님 말씀을 봅니다.

강제로 게임을 못하게 하면 아이가 반항합니다. 잘못하다가는 아이의 인생도 망치게 하고 맙니다. 따라서 인내와 지혜가 필요합니다. 앞의 허 양의 어머니처럼 억지로 게임을 못하게 하는 것은 아이에게는 폭력일 수 있지요.

성공비결은 부모가 아이를 강압이 아닌 대화와 타협을 통해 순리대로 인도하는 것입니다. 옳음과 그름, 이 두 가지를 잘 분별하여 인도하는 것입니다. 아이가 깨닫도록 해야 합니다. 이 일은 매우 어려울 수도 있지만 안타깝게도 다른 쉬운 길이 없습니다.

Part 10

생명의 무게

"형제의 머리를 비교하는 것은 쌍방을 죽이지만 개성의 비교는 쌍방을 살린다."

– 유태인의 천재교육

아이를 남과 비교한다면 아이의 생명에 어두운 그림자를 드리우게 됩니다. 생명의 존엄성을 가슴으로 받아들이는 부모, 이런 부모가 아이를 큰사람으로 키울 수 있습니다.

아이들이 제일 싫어하는 말

"옆집의 지원이 좀 봐라. 학원도 열심히 다니고 공부를 참 잘한다더라. 저번엔 수학경시대회에서 상을 받더니 이번엔 독서감상문쓰기 대회에서 최우수상을 받았다고 하는데 넌 샘도 안 나니?"

IQ가 125, 100인 두 아이가 있습니다. 이 경우 누가 공부를 잘할까요?

교단에서 겪어 보면 학업성취도와 지능지수와의 관계는 정비례하는 경우가 많습니다. 평균적으로 지능이 높은 아이는 낮은 아이보다 공부를 더 잘합니다. 그런데도 어떤 부모는 지능이 평범한 아이를 지능이 뛰어난 아이에 대비시켜 곧잘 비교하곤 합니다.

아이들은 부모와의 대화 중 자신을 남들과 비교하는 것이 제일 싫다고 말합니다. 이는 사람마다 능력의 한계를 인정하지 못하는 부모에 대한 아이들의 힐책이라 할 수 있습니다. 그럼에도 일부의 부모들은 눈만 뜨면 자녀를 옆집 아이 또는 신문기사에 오르는 아이와 비교합니다.

절름발이 아이가 뜀을 뛰어 꼴찌를 했다고 합시다. 이 아이의 능력은 달리기에서 꼴찌를 할 수밖에 없는 조건이지요. 그런데도 불구하고 못 뛴다고 비아냥거리거나 다른 아이들처럼 잘 뛸 수 없느냐고 자꾸 채근한다면 결과가 어떻게 될까요?

꼴찌건 일등이건 자신의 페이스를 찾아 뛰는 아이에게 더 잘 뛰라고 채근하면 그만 넘어지고 말겠지요. 넘어지면 그나마 뛰던 것도 더 못 뛰게 됩니다.

"엄마는 학교 다닐 때 공부를 얼마나 했어? 1등 한 적 있어? 책은 얼마나 읽었고? 『보물섬』 읽어 봤어? 『비밀의 화원』 읽어 봤어? 『아기 사슴』의 지은이는 누구야? 엄마는 현재 1년에 책을 몇 권이나 읽어?"

마침내 아이의 화는 폭발하고 맙니다. 화를 삭이지 못한 아이는 책을 엄마가 보는 앞에서 확 집어던지고는 밖으로 뛰쳐나갑니다. 매일 다니던 학원 갈 시간도 까마득하게 잊은 채.

> 형제의 머리를 비교하는 것은 쌍방을 죽이지만 개성의 비교는 쌍방을 살린다.
>
> ●유태인의 천재교육

몇 해 전, 세상을 떠들썩하게 만든 사건이 있었지요. 아들이 아버지를 살해한 사건. 아버지는 대학교수였지만 아들은 전문대학을 다니며 자기 페이스를 전혀 찾지 못했나 봅니다.

"너는 인생을 그렇게 사니? 남들을 보아라. 아버지가 박사학위를 갖고 있고 대학교수로 있는데 넌 제대로 된 대학에도 못 들어가고. 그런 주제에 할 소린 다 하는구나."

격분한 아들은 아버지를 그 자리에서 살해하고 말았습니다. 기자가 인터뷰를 하였을 때 아들은 이렇게 말했습니다.

"평소 아버지는 남과 비교하며 저를 너무나 무시했습니다. 모욕을 참을 수 없었어요."

만약 아이가 부모를 다른 부모와 비교해서 다음과 같이 말한다면 부모는 굴욕감에 발끈 화를 내고 말 것입니다.

"순영이 엄마는 영어도 잘하던데……."

"철수네는 50평 아파트에 산다는데 우리는 언제 그런 데 살아봐요?"

"엄마, 지윤이 엄마는 메이커 있는 옷만 입어서 그런지 참 예쁘시더라!"

"아빠의 월급이 현진이 아빠 월급의 반밖에 안 되네……."

억겁 향풍이 몰아치는 부처님 말씀입니다.

> 자기의 생각만을 완고하게 내세워 다른 사람을 어리석고 깨끗하지 못하다고 한다면 그는 스스로 고집불통이 되고 만다.
>
> ● 숫타니파타

"자기 생각만 내세우고 다른 사람을 비난하는 것은 고집불통이다."

부처님의 이 말씀을 아버지가 가슴으로 받아들였다면 이런 일은 벌어지지 않았을 것입니다. 부처님은 불성생명을 보지 못한 채 툭하면 비교하는 말을 퍼부어 아이의 가슴에 상처를 주고 있는 부모에게로 걸어오셔서 "고집불통이 되지 말라"고 간곡히 이르십니다.

"옆집의 지원이는 공부를 참 열심히 했나 봐. 지원이 엄마 이야기를 들어 보니까 지원이가 상을 받으려고 밤을 훌렁 새곤 하였다는구나 글쎄. 그렇게 밤을 새면 성적은 올라가겠지만 건강을 해치게 될 텐데……."

아마도 엄마가 미소 띤 얼굴로 이렇게 속삭였다면 아이는 엄마를 다른 엄마들과 비교하지 않았을 것이고 책을 집어던지지도 않았을 것입니다. 도리어 '열심히 공부하면 상도 탈 수 있고 공부를 잘할 수 있는 것이구나. 난 노력을 너무 안 했어. 다음엔 열심히 노력하여 지원이처럼 상을 타 봐야지' 하며 주먹을 불끈 쥐었을지 모를 일입니다.

> 생각하며 살지 않으면 사는 대로 생각하게 된다.

프랑스의 시인 폴 발레리Paul Valery의 말입니다.

우리들은 타인과의 비교격 속에서 살아가지 말 것입니다. 부처님께서 말씀하신 중생상衆生相을 버리는 수행을 차근차근 해 나갈 것입니다. 눈에 띄는 대로 자녀를 보는 것이 아니라 수행 속에서 자녀를 볼 것입니다.

운명은 개척하는 것

'○○○이는 죽어야 한다. 그 아이는 자기만 생각하고 남을 생각지도 않는다. 그런 아이는 팍 죽어야 한다. 아마 그 아이는 ○○○○년 ○월 ○일에 죽을 것이다.'

초등학교 6학년 교실, 아이들이 이런 저주의 글에 시달리고 있었습니다. 저주의 글은 아무도 모르게 그 아이의 책상 속으로 전달되곤 했지요.

이에 대해 담임선생님은 이렇게 말했습니다.

"고학년 아이들의 보편화된 장난입니다."

아이들은 자신들이 내어 뱉은 언어, 글 한 구절이 상대방을 얼마나 화나게 하고 비참한 지경에 이르게 한다는 것을 짐작하거나 이해하지 못하고 있습니다.

입은 광명을 토하는 문이고 글은 마음과 마음을 잇는 가교입니
다. 그러기에 늘 긍정적인 말을 할 것이며 부드러운 언어를 쓸 것
입니다. 상대방을 저주하는 말이나 글은 인간의 본성을 위배한
매우 잘못된 사고에서 비롯된 것입니다.

우리 가요계를 보면 이혼을 하거나 젊은 나이에 요절한 사람들
이 있는데 이들을 살펴보면 그들이 부르는 노랫말과 무관하지 않
습니다. 이별을 주제로 노래한 사람들은 대부분 이혼을 경험하였
으며, 슬픈 노래나 죽음을 연상하는 노래를 부른 가수는 일찍 세
상을 떠난 경우가 많습니다.

잠시의 노랫말도 노래를 부르는 사람의 운명을 좌우할 정도인
데 타인을 저주하거나 지탄하는 말을 한다면 이는 업력으로 작용
해 상대방의 생명은 물론 자신의 불성생명까지 해치게 됩니다.

부처님생명이라고 일컬어지는 우리 모두의 본래면목, 이 생명
의 실상에는 오로지 찬란한 광명의 향풍만이 불어올 뿐입니다.

심리학적으로 볼 때 타인을 저주하면 그 사람은 그 의식 속에 머무르게 되고 그 의식은 사람의 마음을 지배하여 잠재의식 속에 머물다가 어느 순간 파탄을 일으키게 된다는 것입니다.

불교의 유식사상에 근거하여 볼 때도 이 말은 너무나 명약관화합니다. 유식사상唯識思想은 우리들이 각자 소유하고 있는 마음을 불교학적인 측면에서 설명하여 제시하고 있는 이른바 불교심리학이지요. 세상의 모든 존재를 직접적으로 인식하는 마음의 주체主體, 이를 일러 아뢰야식alaya-vijn na이라 부릅니다.

아뢰야식은 우리의 심층심리인 잠재의식 속에 상존해 있으며 미래의 생존에 영향을 미쳐 윤회의 주체가 된다고 보고 있습니다. 다시 말해 어떤 행위를 하게 될 때 선업이나 악업의 결과를 반연攀緣시킬 수밖에 없는데, 이때 아뢰야식이 업을 규정짓는 주체가 되어 그것이 어떤 환경이나 연緣을 만나 새로운 세계를 일으키는 원동력이 되어서 현상계를 생성한다는 것입니다.

우리들은 어떤 행위를 하기 전에 먼저 자신을 살필 일입니다. 그리고는 그것이 아니다 싶으면 얼른 회광반조回光返照하여 자신을 되돌아 볼 일입니다.

자신과 상대방의 운명을 규정짓는 첫머리에 나오는 아이들의 저 같은 글에서 우리는 부지불식간에 남에게 저주를 퍼붓지는 않았는지 비춰 보아야 합니다.

어떤 이익을 위해 매음행위를 하거나 관상을 보고 점치거나 해몽을 하거나 주문과 술법을 쓰거나 독약 같은 것을 만들지 말라. 이런 행위는 자비스런 마음과 공손한 마음이 아니니 일부러 범하면 죄가 된다.

● 불설범망경, 48계

사주팔자를 꼽아 보고 운명을 점치는 일은 자신을 규정하는 일이 됩니다. 운명을 점하고 자신을 규정하는 사람은 지혜로운 사람이라고 할 수 없습니다.

운명을 점하면 그 운명에 끄달리어 사는 인생이 되고 맙니다. 점을 보고, 손금을 보고, 관상을 보고, 사주팔자를 들먹이는 것은 우리 인생에 아무런 도움이 되지 못합니다.

사람의 본성인 법성에는 가히 얻을 것이란 한 물건도 없다. 지음도 없고 함도 없다. 인과도 없고 선악도 없다. 그러니 운명이라는 숙명적인 타성이 있을 리 만무하다.

● 광덕스님, 생의 의문에서 해결까지

운명은 개척하는 것이고 업은 개선하는 것입니다. 아니, 본래로 운명이나 업은 없는 것입니다. 밝은 언어, 밝은 행동, 밝은 표정으로 자신을 이끌고 나가야 합니다. 그러면 자연히 운명이나 업은 없어져 사라지게 됩니다. 자신의 현재를 긍정으로 채울 때 이것이 자신을 조절하여 현세의 운명을 바꾸는 것입니다. 자신을 조절하지 못하면 곧 과거의 업에 지배당하고 맙니다. 저주 섞인 말과 글, 생각으로는 자신의 운명을 개척하지 못합니다. 따스

한 말과 글이나 생각만이 자신을 구하고 곤경에 빠져 있는 사람
을 구원합니다.

우리가 조금만 마음을 쓰면 이 세상 전체가 더 행복해진다. 혼자
뿐인 고독한 사람이나 의기소침한 사람에게 한두 마디 부드러운
말을 걸어 주자. 어쩌면 당신은 내일이면 그런 친절한 일을 한 것
을 잊어버릴지도 모른다. 하지만 친절하게 대접받은 그 사람은 당
신의 말을 일생 동안 가슴에 품고 있을 것이다.

●데일 카네기 지음 · 이범준 엮음. You can do it

자연의 반란

"자연은 우리의 생명을 보호해 주는 절대적인 보고야. 그런 자연이 망가지면 인간이 살지 못해."

"그런데 왜 사람들은 자연을 훼손해요?"

"인간의 잘못된 욕구 때문이지. 자연이 먼저 인간에게 반란을 일으키는 일은 절대 없어요. 하지만 많은 경고를 주고 있단다. 광우병과 조류인플루엔자(AI) 같은 것이 그것이야."

학교에서 아이들과 나눈 대화입니다. 이런 이야기를 나눌 때면 우울해집니다. 아이들까지 자연에 대해 무감각하고 생명 경시의 풍조가 만연해 있기 때문이지요.

자연경시 풍조는 아이들도 어른과 다르지 않습니다. 화단에 들어가지 말라고 그리 일러도 화단에 들어가 화초를 밟아 망가뜨립니다. 생명을 존중하라고 그렇게 가르쳐도 아름다운 멜로디로 기쁨을 선사하는 풀벌레들을 사정없이 짓밟아 버립니다. 인간생존의 법칙을 일깨워 주는 '사람은 자연 보호, 자연은 사람 보호'라는 표어를 무색하게 만들 정도이지요.

자연에 대한 학문을 과학 또는 자연과학이라고 부릅니다. 이런 과학이 자연에 대한 탐구를 넘어 자연을 훼손하고 자연의 질서를 깨뜨리는 일을 자행한다면 과학으로서의 존재가치를 상실하는 것입니다.

우리 인간은 생산량을 극대화한다는 미명하에 초식동물에게 동물의 뼈나 내장이 들어간 사료를 먹여 광우병이라는 신종의 병을 만들어 내기도 했습니다. 같은 족속의 뼈와 살이 들어간 동물사료를 먹은 소들의 스트레스는 결국 인간을 향해 거칠게 주먹질을 할 수밖에 없는 노릇입니다. 목초나 먹고 자라도록 구조화된 초식동물이 동물성 사료나 항생제와 같은 화공약품을 먹으니 반란의 창칼이 인간을 향할 수밖에 없겠지요. 이는 생산성만 따지고 육질만 따지는 인간 이기심의 사악성에 대한 강력한 경고입니다.

자연은 곧 우리들 인간생명입니다. 보잘것없이 태어난 미생물도 자연의 질서에서는 절대 필요한 것입니다. 뱀도 필요하고 독수리도 필요하고 부패균인 살모넬라salmonella균도 필요한 것입니다. 소, 돼지, 잠자리, 이름 모를 벌레들……. 어느 종교에는 이 모두를 신이 인간을 위해 만들었다고 하지요? 정말 철부지 같은 생각입니다.

하늘과 땅을 넘어 이 세상에 실로 존재하는 것은 진리광명뿐입

니다. 집집마다 켜 놓은 천등 만등이 한 전기에너지로부터 나오듯
나와 당신과, 사슴과 진달래와, 신과 사람과, 해와 달과, 하늘과 땅
이 실로 무변광대한 진리광명으로부터 생명되어 나옵니다. 모든
생명은 저마다 존귀한 우주의 주인이라는 것이 부처님께서 깨우쳐
보이신 만고의 진리입니다.

●김재영. 은혜 속의 주인일세

누군가가 나에게 누구를 위해 태어났느냐고 물으면 나는 서슴
없이 나 자신을 위해서 태어났다고 말할 것입니다. 소나 돼지들
도 마찬가지지요. 당연히 자기 자신을 위해서 태어났지 인간을
위해 태어나지 않았다고 말할 것입니다. 왜? 자연은 스스로가 주
인이기 때문입니다. 스스로가 불성생명의 주인공이기 때문입니
다. 그러기에 인간이라는 권위로 이들을 억압하고 살생을 자행한
다면 이는 큰 죄악이고 죄 짓는 것입니다.

우리가 동물을 먹기 위해 죽일 때, 그 동물들은 결국 우리를 죽
게 하는 것으로 끝날 것이다. 왜냐하면 그들의 고기는 인간을 위해
만들어진 것이 아니기 때문이다.

●윌리엄 C. 로버트

진실로 인간은 동물의 왕이다. 인간의 잔인성이 동물을 능가하
기 때문이다. 우리는 다른 생명체의 죽음을 통하여 살아가는 살아
있는 묘지이다. 나는 어렸을 때 고기를 먹지 않겠다고 결심했으며,
동물을 살해하는 것을 살인처럼 생각하는 때가 올 것이다.

●레오나르도 다빈치

자연의 반란

이제는 이 자연의 반란이 어떤 결과를 가져오는지 아이들에게 간곡히 가르쳐야 합니다. 수학공부가 우선이 아닙니다. 영어공부가 우선이 아닙니다. 우리가 딛고 살아가는 자연이 신음하는 소리를 들을 수 있는 귀를 열어 주는 것이 우선입니다.

부모들, 세상의 모든 부모들, 부디 바라노니 아이들을 데리고 여행할 때 물 흐르는 소리에 귀를 기울이게 하고, 부모가 먼저 새소리에 귀를 기울이십시오. 한 포기의 야생화에서 생명의 신비를 느끼고 삶의 환희를 느낄 수 있도록 아이를 이끄십시오. 광우병이 왜 생기는지 아이들과 담론하고 인간의 욕망이 어떤 결과를 가져오는지 토론하십시오. 이것이 진정 아이가 성공하는 비결입니다. 부처님께서는 우리에게 이르십니다.

> 마음속에 일어나는 욕망이 처음에는 보잘것없어도 그 욕망을 억제하지 않고 그대로 내버려두게 되면 결국은 큰 파멸을 불러오고야 만다.
>
> ●잡아함경

욕망을 억제하지 않으면 큰 파멸을 불러오고야 만다는 저 부처님의 준엄한 가르침에서 인간의 욕망이 어떤 결과를 가져오는지를 예견할 수 있습니다. 광우병이 무서운 것이 아닙니다. AI가 무서운 것이 아닙니다. 세상을 이렇게 만들어 온 사람의 마음, 인간의 욕망이 진정 무서운 것입니다. 부처님은 일체 중생의 가슴에 여래의 덕성이 구족되어 있음을 선언하셨습니다. 이는 인간만이 부처님과 똑같은 생명을 살고 있다는 선언이 아닙니다. 이 세상에 존재하는 온갖 생령들이 부처님생명이라는 것입니다. 마땅히 우리는 이 위대한 '생명선언'이야말로 혼미한 인류사회를 구원할 마지막 보루이며 희망임을 믿어야 합니다.

참으로 중생이 따로 있는 것이 아닙니다. 본래 온 우주에는 부처님생명뿐이므로 중생이 따로 없습니다. 그러므로 일체중생이라는 것도 실체가 있는 중생이 아니라 그 이름이 중생입니다. 우리의 참생명은 본래 부처님생명이고 본래 절대무한의 생명이므로 깨치고 안 깨치고에 상관없이 본래 부처입니다.

● 한탑스님. 금강경에서 배우는 나의 참생명 부처님생명

생명의 무게는 같다

　설악산 흘림골은 단풍으로 유명합니다. 색색이 물든 단풍과 계곡에서 흘러내리는 물소리는 천상天上의 모습이라고 해도 과언이 아닐 정도로 아름답습니다. 구경꾼들은 자연이 빚은 아름다움에 취해 발길을 쉽게 떼지 못합니다.

　도토리가 우수수 떨어지고, 이를 주워 먹으려는 다람쥐들은 사람을 의식하지 않은 채 이리저리 오가며 도토리를 배불리 주워 먹습니다. 이 평화로운 모습을 보면서 다람쥐도 자연의 한 가족임이 깊이 느껴집니다.

　산을 거의 내려올 때쯤입니다. 포크레인 소리가 들렸습니다. 가 보았더니 무자비하게 산을 깎아 내고 있었습니다.

　그 순간 다람쥐가 떠올랐습니다. 다람쥐가 평화로운 모습이 아닌 증오하는 모습으로 다가왔습니다. 다람쥐가 인간에게 말하는 것 같았습니다.

　"이 자연이 어찌 인간들만의 것입니까? 우리도 생명입니다. 우리의 생명이 인간의 생명과 어떤 차이가 있습니까? 당신들이 자연을 의지해 살아가듯 우리도 자연을 의지해 살고 있습니다. 인간들은 다른 생명을 경시하는 오만과 편견을 버려야 합니다. 어찌 인간만이 지구와 우주의 주인공일 수 있습니까? 우리도 자연을 무대로 살아갈 당당한 권리가 있습니다. 제발 우리의 권리를 인간 마음대로 함부로 침해하지 마십시오."

절규에 가까운 다람쥐의 호소가 귓가를 맴도는 것 같았습니다. 나는 생각했습니다.

'맞아, 우리는 다람쥐의 살 권리를 빼앗을 자격을 갖고 있지 않아. 다람쥐도 우리와 똑같이 자연을 무대로 살 권리가 있지.'

> 나는 어릴 적 개미나 개구리를 즐겨 죽였다. 지나가는 개미를 보고 발로 쓱 문지르면 많은 개미가 한꺼번에 죽어 버렸다. 그리고는 죽은 개미를 보고 얼마나 통쾌하게 생각했던가. 개구리는 또 얼마를 죽였던가. 심심하면 논둑으로 나가 막대기를 휘둘렀다. 막대기를 맞은 개구리는 바르르 떨면서 금새 죽어 갔다.
>
> ● 민병직, 산사에서 마음을 보다

살아 있는 존재는 모두가 하나뿐인 생명을 가졌습니다. 그래서 이 세상 무엇과도 바꿀 수 없습니다. 생명만큼 소중하고 위대한 것은 세상천지 그 어디에도 없습니다. 이런 생명을 마구 짓밟는다는 것은 생명에 대한 폭거입니다. 그러기에 개구리를 두들겨 죽이고 개미를 짓밟아 죽였던 나는 이렇게 참회합니다.

죽어 가는 생명을 방관하는 것은 옳은 일이 아닙니다. 죽어 가는 생명을 살리는 것이 본래생명의 진면목이고 그 도리입니다. 설령 종교를 가졌건 안 가졌건 상관이 없습니다. 생명에 대한 외경이 없는 사람은 자신의 생명도 홀대하기 때문입니다. 남의 생명(자연)을 해하는 아이는 커서도 남의 생명(인간)을 해합니다.

얼굴을 보면 대강 그 사람의 성품을 알 수 있다고 말합니다. 관상학을 전공하지 않더라도 누구나 인지할 수 있는 사실이고 상식이지요. 사악한 마음을 가진 사람은 얼굴 표정이 사악하고 근심 걱정이 많은 사람은 얼굴 표정이 어둡습니다. 그러나 자비로운 마음을 갖고 있는 사람의 얼굴은 환하고 해맑습니다. 이것은 누구나 느끼는 일이지 않습니까.

내가 너보다 우위에 있다는 아상을 버릴 때 우리의 삶은 참으로 빛날 수 있습니다. 다람쥐를 부처님생명으로 바라볼 때 우리의 생명가치가 더욱 찬연히 빛날 수 있습니다. 다람쥐의 생명이 내 생명 무게와 똑같으니까요.

이제야 부처님께서 불살생계를 주시러 우리 곁에 오시는 이유를 알 것 같습니다.

산목숨을 보살피고 사랑하라.

온갖 목숨 있는 것을 제가 죽이거나 남을 시켜 죽이거나 수단을 써서 죽이거나 칭찬하여 죽게 하거나, 죽이는 것을 보고 기뻐하거나, 주문을 외워 죽여서는 안 된다. 즉, 죽이는 원인과 죽이는 조건과 죽이는 방법과 죽이는 업으로 목숨 있는 것을 죽여서는 안 된다. 보살은 항상 자비스런 마음과 공손한 마음으로 모든 중생을 구원해야 할 것인데, 도리어 방자한 생각과 통쾌한 마음으로 산목숨을 죽인다면, 이것은 큰 죄가 되느니라. 이것이 불자의 첫 계이니, 신명을 다하여 지키겠느냐, 말겠느냐?

● 5계 수지문 중에서

불교는 생명을 죽이지 말라는 불살생을 어느 계보다 앞에 두어 더 강조하고 있습니다. 세상에서 생명처럼 가치 있는 것은 없기 때문입니다.

앉으나 서나 늘 아이에게 생명의 존엄성을 일깨워 줄 것입니다. 다람쥐의 생명 무게나 우리의 생명 무게나 똑같은 것입니다. 생명의 존엄성을 안 아이만이 성공할 수 있고 큰사람이 될 수 있습니다.

救國救世 4

머리를 물들여 본 아이가 성공한다
자녀교육, Buddha에게 길을 묻다

2011년 1월 31일 초판 1쇄 발행
2011년 8월 10일 초판 2쇄 발행

지은이 민병직
펴낸이 김인현
펴낸곳 도서출판 도피안사

등 록 2000년 8월 19일(제19-52호)
주 소 경기도 안성시 죽산면 용설리 1178-1
전 화 031-676-8700

서울사무소
주 소 서울시 종로구 삼일대로 30길 21(낙원동 58-1)
       종로오피스텔 1015호
전 화 02-419-8704
팩 스 02-336-8701
영업국장 법월 김희중

Homepage www.dopiansa.com
E-mail dopiansa@hanmail.net

ISBN 978-89-90223-58-6 04590

책값은 뒤표지에 있습니다.
잘못된 책은 바꿔드립니다.